U0221467

阿来
编

自然写作读本

READINGS IN NATURE WRITING

人！我们在别处遇见的机会已经够多了。
这里则相反，我们需要一个避开人世的借口，古代的孤寂与荒漠。

中国科学技术出版社
· 北 京 ·

目录

导言

阿来

自然、写作与美的断想

很多人想到科学时，不由自主便感觉那是与自己无关的一种存在。这种存在高远，艰深，由一些学问很大，智慧，又有些神经质的人在专门进行。

在越来越现代的社会里，科学其实是无处不在的，它随时随地与我们日常生活的一切，与我们所有人密切相关。在中国人的习惯思维里，我们总是要讲很多道理的。包括现在我小小地议论一下，也是沿用了这种思路。很多时候，我们阅读就是想破除一些延续很久的习惯。比如，在欧美文化传统中，人们的科学发现与思考却是随时随地的。

:: :: ::

保证所选篇目都是卓有成就的科学家阐述科学基本原理，传播科学理念的文章，但氤氲其中的确实含蓄蕴藉的文采，是非专业但却与其专业同样功力深厚的文学功底，更为重要的是，其中体现了科学大家们对人类对人类精神家园的强烈的责任感，人性至大至善的光芒。

这种文体一般称为随笔，因为是科学家所写，又是从科学的角度来观照世界，观照生命，所以，又称为科学随笔。我们将其称为科学美文，一方面是因为科学在终极层面与美学能够达到高度的和谐，另一方面是说，自然学科与人文学科，科学理念的传达与文学审美，并不处于一种对立的状态。阅读这些文章时我们会发现，在一些知识结构相对完备的科学家那里，科学与文学，观察与审美，理性的分析与感性的表达总是相得益彰，时时处处在给我们带来新知的同时给予深切的审美愉悦，

:: :: ::

我在草原的盛夏见过很多开满了蓝色花朵的这种普通的植物。后来，通过一位学问高深的喇嘛撰写的植物药典，我才真正认识了这些花朵——我是说知道了用一个什么样的名字去称呼这些花朵。因此我一首叫做《这些野生的花朵》的诗中写道：

几年以前，我曾顺着大河漫游／如今记忆日渐鲜明／在山前，在河岸，野花顶住了骄阳／花叶上没有露水，只是某种境况的颜色／只是柔弱而又顽强的枝叶／今天，当我读着一本带插图的药典／马尔康突然停电，使我看见／当初那一朵朵野花，挣脱了尘埃／饱吸了粗犷地带暗伏的泉华／像一朵朵火焰，闪烁着光华！

看见荒野上各种各样的野花：野蔷薇、铁线莲、飞燕草、点地梅和绿绒蒿，当然还有蓝花的，写在这本书里的龙胆草与耧斗菜。

:: :: ::

这其实牵涉到我们的自然观。

东方式的自然观常常不是自然界本身，而是沉溺于内心，是道德观的

外化——想想古诗与国画怎样在精神层面上叙写梅兰竹菊这四位君子；是某些抽象精神的象征——想想革命电影里青松出现的镜头，雁阵横过长空的镜头。但我们因此便真正认识梅、兰、竹、菊，以及青松与大雁吗？从科学的观点看，我们对这些自然界中的客观事物一方面耳熟能详，一方面又一无所知。

:: :: ::

事物的道德化与审美化，很多时候遮蔽了我们的科学视野。直到现在，这种道德化的倾向仍然在我们的作文课中蔓延，看看今年的高考作文题，里面那种浅薄的道德的指向是多么鲜明啊！ 21 世纪是科学的世纪，而我们仍然生活在一种把一切事物泛道德化的浓重氛围里。

:: :: ::

（2000 年前后，阿来先生在他主政的《科幻世界》中开设“科学美文”专栏历时两年之久，每期除精选范文，亦亲写赏析文字，这些珍贵的文字蕴含着阿来先生对科学与生活的思考，也体现了著名作家对自然写作文辞之美的认知。——编辑注）

科学的危险

[美]刘易斯·托马斯

如今，有个批评科学和科学家的专用词，叫作狂妄自大（hubris）。一旦你说出了这个词，你就说出了一切。这一个词，概括了今天公众头脑中所有的恐惧和忧虑——忧虑的不仅是科学家们自己的让人难以忍受的态度——人们认为他们是这样的；在这同一个词里，还包含着另一层忧虑：人们还认为，科学和技术的所作所为正在使这个接近结束的世纪（20世纪——编者注）变得极其错误。

"Hubris"是个有力的词，包含着多层有力的意义。它来自一个非常古老的世界，但有着自己的新生命，早就远远超出了本义的藩篱。今天，它已足够强大，正以千钧之力，对人们无不竭其心智提出非难。人们的这种态度曾导致了露天剥采、近海钻油、滴滴涕、食物添加剂、超音速运输机，还有那小小的、圆圆的塑料粒子，新近发现这种粒子正在塞满马尾藻海的水域；这种智力活动也想出了原子核的聚变和裂变，使之能把一个个城市先吹倒后烧掉。

现在，生物医学正急起直追，就要赶上物理、化学、天文、地理等科学和技术了，于是也就招致同样的批评意见，用的也是那个贬义词。据说，整个生物学革命，都是狂妄自大造成的。是狂妄自大的态度，给我们开辟了这样的前景：行为控制，精神病外科学，胎儿研究，心脏移植，从其自身的一点非凡的细胞，无性繁殖出性能特殊功勋卓著的政客，还有医源性疾病、人口过剩和重组 DNA。最后一个，这种让人们得以把一种生物的基因嵌合到另一生物的DNA 上面的新技术，被作为狂妄自大的最高典型。人要自作主张随意制造杂种，就是狂妄自大。

于是，我们又回到了第一个词，从杂种（hybrid）到狂妄自大（hubris）；在这里，那个人为地把两个存在结合在一起的意思不知怎么仍然保留着。今天的结合直接是希腊神话式的：这是把人的能力与诸神的特权相结合，而今天批评者使用的，正是“hubris”一词中所含的强作妄为的意思。这个词就是已经长成了这个样子，成了一个警告，一个专用的咒语，一个来自英语本身的速记符号，它说明，假如人开始做那些留给诸神做的事情，把自己神化，结果会是很坏的，在象征的意义上，比公野猪配母家猪生下的杂种对古罗马人来讲还要坏。

因此，被指控为狂妄自大是极其严重的事件，要进行反驳，不是简单地嘟囔几声“反科学”和“反智力”等所能胜任——这正是我们许多从事科学研究的人们现今所做的。对我们的科学事业的怀疑，来自人类最深刻的忧虑。假如我们是对的，而批评者们是错的，那么，情况只能是狂妄自大这个词被误用了。强作妄为并非我们的所作所为，对于科学，存在（至少一时存在）着根本的误解。

我想，有一个中心的问题要解决。我还不知道如何解决它，尽管我很清楚自己的回答是什么。问题是这样的：是否有某些信息，导致人们不管怎么知道了一些人类还是不知为妙的东西？科学的探索有没有一个禁区？设置这个禁区的根据，不是可不可知，而是该不该知？对有些事情，我们该不该半途而废，停止探讨，宁可不去获取某种知识，免得我们或任何人会利用那种知识来做些什么？我个人的回答是直截了当的“不”。但我得承认，这个回答是直觉的反应。可是我通过推理想透这个问题，我既不情愿，也没有受过那个训练。

在科学界的圈里和圈外，都已作了一些努力，要把重组 DNA 作为解决这一争论的焦点。这一研究的支持者们被指控为纯属狂妄自大，是僭越诸神的权利，是佞妄和强暴；更有甚者，他们自己都承认在干着亲手制造活的杂种的勾当。坎布里奇市的市长和纽约市的首席检察官都得到建议，要他们立即制止这件事。

然而，关于要不要给知识划定禁区的争论，却与此大不相同，尽管那当然也是问题的一部分。知识已经有了，而争论的热点在于它在技术上的应用。DNA 已经被用来制作某些有用又有趣的蛋白质，那该不该把它跟大肠杆菌（*E. coli*）结合呢，有没有可能插入某些错误种类的毒素或危险的病毒，然后，又让新的杂种逃出实验室，在外面扩散？这会不会成为一种制造病原体新变种的技术，该不该因此而被制止？

假如争论控制在这个水平，我看不出为什么它得不到解决，有通情达理的人就行。19 世纪，我们已学会了好多处理危险微生物的方法，尽管我不得不说，重组 DNA 研究的反对者们倾向于贬低这一大块知识。曾经有过这种或那种危险的东西，如狂犬病病毒、鹦鹉热病毒、鼠疫杆菌，还有伤寒杆菌，被研究者在保险的实验室里加以处理，仅在罕见的案例中，有研究者自己感染上了，而造成瘟疫流行的案例则是决然没有的。像有些论者现在坚持的那样，设想造出了又厉害又贪婪的新病原体，能逃逸出同样保险的实验室去危害整个人类，这个假定是颇费想象力的。

但这却正是重组 DNA 问题的麻烦所在：成了一个情感问题，争论的两边都曾多次大发其火，而且还一发而不可收拾。这场争论听起来已经不像是关于技术安全的讨论，而渐渐像是别的什么，差不多像一场宗教的纷争了。这里又回到了那个中心的问题：科学中有没有什么东西，是我们不该知道的？

在这个问号之后，不可避免地还跟着一长串难以回答的问号，领头的一个就是要问，首先，作决定的人该不该是坎布里奇的市长？

或许，我们大家最好还是放聪明点，急流勇退，趁重组 DNA 的事还没有扩大到不可收拾的时候赶紧罢手为好。假如我们一定要为此干一架，就让它局限于讨论之中的重组物的安全和保安问题，无论如何，我们要有一些规定和守则，来确保公共安全。不管在什么地方，只要提出或甚至暗示到这些规定或守则，都要遵守。但是，假如可能，让我们别碰那个给人类知识划定禁区的问题。那里面针线太多，我们简直就不可能对付它。

说到这儿，已经很明显，在这一问题上我已经站到一边去了，而且我的观点完全是偏见。没错儿，是这么回事，但要加些限定。不要以为我是多么支持重组 DNA；我的观点，与其说是支持重组 DNA 研究，倒不如说是反对那些反对这方面探索的意见。作为一个长期研究传染性疾病病原体的研究者，我不客气地驳斥那种断言，认为我们不知道如何在实验室里防止感染，更不知道如何防止它们逃逸出来，让它在实验室外扩散。我相信，关于这些事情，我们已经知道很多，老早就知道了。此外，我还认为，宣称人能轻而易举地制造出要命的致病微生物，那也是一种相反形式的狂妄自大。在我看来，一种微生物要经过很长时间，通过长久的共同生活，才能成为一种成功的病原体。在某种意义上，致病性是一个需要高度技能的行当，在地球上无数的微生物中，只有为数极少的一些卷入了其中：大多数细菌忙着自己的事，进食，进行着生命其余部分的循环。说实在的，在我看来，致病性是一种生物事故，信号由那些微生物误指了，或被寄主误解了，像在内毒素的情况中一样。或者，寄主和微生物之间的亲密关系太长久了，结果，某种形式的分子拟态现象成为可能，像在白喉毒素的情况中那样。我不信仅仅通过把新的基因组合放到一块儿，就能造出一些生灵，能像一个病原体那样——因为病原体必定是那样的——有高度的技巧，而且适应了寄人篱下的生活，正如我从来不信来自月球或火星的微小生命可能在这个星球上存活一样。

但是，我说过，我拿不准争论争的真的就是这个。在它背后，还有另一个讨论，我希望我们用不着陷进去。

关于物理、化学、天文、地理等自然科学，我不能置一词。那些学科在本世纪（20世纪——*编者注*）有了长足的进展，用任何标准衡量都是这样。可是，在我看来，在生物科学和医学中我们实在还太无知了，还不能开始作出判断，什么东西是我们该学的，而什么东西是我们不该学的。相反，我们对于能够抓住的一点一滴都应该满心感激，我们探讨的范围应该比今天的大得多。

用"狂妄自大"这个词的时候，我们得十分小心，应保证在没有充分理由的时候不去用。把它用在追求知识上面，就要冒很大的风险。知识的应用又是另一回事。在我们的技术中的确存在大量的狂妄自大，但是，我不认为，寻找关于自然的新的信息，不管在什么水平上，可能被称为非自然的。如果人类除了语言之外还有什么属性，使他们能区别于地球上所有其他生灵的话，那就是他们不知餍足地、不可控制地求得知识，然后跟这一物种里的他人交换信息的驱动力。想一想就是这样，我们所做的一切都是学习。我还想不出有什么人类冲动能比这一个更难以驾驭。

但是，我却能想出许多理由来力图驾驭它。首先，关于自然的新的信息，很可能引起什么人的不安。关于重组DNA的研究已经够让人不安的了，不但因为现在正在争论的一些危险，而且还面对一个事实，人们会从根本上受惊的，这个事实就是：控制着这个星球上生命的遗传机制，竟然会这样容易地被随意糊弄。我们不愿意认为，任何像物种谱系这样固定、稳定的东西，可以被改变。那些想法，认为基因可以被从一个基因组取出，插入另一个，是让人沮丧的。古典神话充满着混杂存在物，半人半动物，或半人半植物，而其中大多数是跟悲剧相联系的。重组 DNA 让人记起了一些噩梦。

对于这种事情，社会最容易作出的决定是，指定一个代理机构，或一个委员会，或者在代理机构下的分支委员会，去调查该问题，并提出建议。而面临任何看起来正在惊扰人们，或使人们不舒服的过程，一个委员会所能采取的最便捷的方法，就是建议停止那事，至少暂时停止。

我能很容易地想象一个这样的委员会，由无懈可击的头面人物组成，得出结论说，就基因移植作进一步探索的时机尚未成熟，说我们应该暂时把它放一放，没准儿放到下个世纪，转而做些别的不这么让人为难的事情。为什么不弄点更招人喜欢的科学，比如说，如何能更便宜地得到太阳能，或精神健康?

麻烦在于，一旦这一研究开始了，那就很难停止它。毕竟有许许多多科学研究，为大众的这一部分或那一部分所不喜。我们很快就会发现，我们在华盛顿建立了挤满屋子的小组委员会、常设委员会等，来表彰，然后控制科学研究。提醒你一句，那表彰或控制的依据，不是那新知识的可能的价值和用处，而是要保卫社会不受科学狂妄的骚扰，抵御一些知识，那些知识我们还是没有为好。

那绝对是个令人神往得抵抗不了的消磨时间的好办法，人们得排长队申请委员资格。几乎什么事都会成为正当的攻击对象，任何跟遗传学沾点边的，有关人口控制，或者反过来，关于衰老问题的研究等，当然是非禁捕猎物。极少学科能够走脱，大概有几样是例外，比如精神健康。在这一领域，没有人真的指望能发生什么了不得的事情，肯定不会有什么新的或让人不安的事情。

遇到最大麻烦的研究领域，将是那些已经包含某种东西，会让人迷惑和惊讶的，并可以想见会震荡一些现存教条的。

要预言科学将会生出什么结果，那是很难的。假如是一门进展顺利的学科，那就不可能作出预言。这是科学这一行当的本性所决定的。如果要发现的东西真是新的，按定义讲那就是事先不知道的，因此就无法预言真正新的研究线索会引向何处。在这件事上你没有选择，没法选择你认为你将会喜欢的，而关闭那些可能会引起不快的线索。你要么有科学，要么没有科学，可一旦你有科学，你就必须在接受那些规矩的、马上就有用的信息的同时，接受那一片片令人惊讶、令人不安的信息，甚至是那些让人不知所措和把事情搞得天翻地覆的信息。事情就是这样。

我感觉完全有把握的惟一一条硬邦邦的科学真理是，关于自然，我们是极其无知的。真的，我把这一条视为一百年来生物学的主要发现。它以自己的方式成为一条发人深省的消息。假如听说，我们所知的是多么少，前头的路是多么令人迷惘，连 18 世纪启蒙运动中那些最辉煌的头脑也会大吃一惊的。正是这种突然面对无知的深度和广度的情形，才代表着 20 世纪科学对人类心智的最重要的贡献。我们终于要大胆面对这一事实了。早些时候，我们要么假装已经懂得了事情是怎样运作的，要么就无视那一问题，或者干脆编造一些故事来填补空白。现在，既已开始诚恳地探索，一本正经地搞科研，我们终于得以窥见那些问题有多大，离得到答案有多远。正因为如此，对人类心智来说，现在正是时世维艰，难怪我们心情沮丧。无知不算很坏的事，假如你对这一事实完全无知，难就难在，多少清楚地知道了无知这一现实，知道了有些场所最糟，偶尔还有些场所不那么糟，可是，在任何隧道的尽头都没有真正的曙光，甚至连真正可以信赖的隧道都还没有。真的是艰难时世啊！

但我们已经开了头。在科学事业中，我们应该有某种满意，甚至狂喜。方法对头，很可能没有什么想得到的问题是不能得到答案的，甚至包括意识的问题也迟早会得到答案。当然，一定有些我们还想不到的问题，从来想不到的问题，因此人类心智的能力也有了局限，而关于这些问题和局限我们永远也不会知道，可这又是另外一回事。在这有限的范围内，如果我们锲而不舍、持之以恒地干下去，我们应能通过努力得到所有的答案。

我以这样的方式处理这个问题，用了我尽可能作出的臆断和尽可能唤起的信心，为的是提出另一个、最后一个问题：这是狂妄自大吗？是否有某种东西是根本上非自然的，或内在错了的，或危险的，让我们这一物种这样野心勃勃，驱使我们大家去达到对于自然、包括我们自己的全面的理解？我不能相信这个说法。我们这样富有好奇心，洋溢着问号，天生具有可以提出清楚问题的才能，而让我们甘于跟其他物种平起平坐，不去对自然做些什么，甚至还试图捂住那些问题的盖子不放，这样，在我看来更不自然，更冒犯自然。试图假装我们是另一种动物，假装不需要满足自己的好奇心，假装可以不要进行探索、研究和试验而过下去，假装人的头脑可以干脆声称有些事情它不需要知道就能超越自己的无知，这才是更大的危险。以我的思路，这才是真的狂妄，并且会危及我们大家。

《科学的危险》导读

刘易斯•托马斯人很有趣，他1994年逝世，生前因为不同的作为而被人看作医生、病理学家、教授、行政官员、诗人和散文作家。他身材壮伟，穿着讲究，绅士派头十足。1970年在耶鲁大学当医学院院长时，曾应邀在学术讨论会上发表演说，演说的整理稿辗转传到《新英格兰医学杂志》，结果他被该杂志的主编缠上，连续发表了多篇文章。后来所有篇目结集成书出版，一书名《细胞生命的礼赞》，另一本叫《水母与蜗牛》，现在呈现在读者面前的文章就选自后者。

在本文中托马斯指出：我们对科学技术的惊人进步有一种恐惧感，经验证明每一次进步都产生了大家都没有料到的结果，我们没有能力预测和控制未来，但我们的理性很难接受这个现实。托马斯用一种近乎俏皮的语调分析了这个问题，得到的结论相当与众不同，在他的思想里我们看到了豁达睿智的学者风范，但在他的文风上我们看到的就不一样了——那似乎是一个被无知群体的众口一词所激怒的、逆反的孩子在讲话。

欧洲人的一张菜单

[美] 罗伯特·路威　吕叔湘 译

番茄汤

炸牛仔带煎洋芋

四季豆

什锦面包（小麦，玉米，裸麦）

凉拌菠萝蜜

白米布丁

咖啡，茶，可可，牛奶

这是随手捞来的一张菜单。无疑，全世界任何原住民社会里面找不到这样的盛馔。那么，我们怎样能配出这样的一张菜单来的呢？不是因为我们在地理上或人种上占了什么便宜，而是因为我们左右逢源地从四面八方取来了各种食品。400 年以前，我们的环境和遗传跟现在毫无两样，可是我们现在办得到的形形色色的菜里面有 3/4 是我们的老祖宗没听说过的，运输方法一改良，花样儿便翻了新。凭他们那种可怜的芦筏，塔斯曼尼亚人能到得了美洲或中国吗？西班牙人、荷兰人、英国人，他们有进步的帆船，坐上这些船只没有到不了的，于是他们便到了美洲和中国。可是，在航路大扩展和地理大发现时代以前，欧洲人的一餐和原住民的一餐相去还不如此之甚。在哥伦布出世以前，马德里或巴黎的大厨子也没有番茄、四季豆、土豆（洋芋）、玉米、菠萝蜜可用，因为这些全是从新大陆来的。请读者合上眼想一想，爱尔兰没有了土豆，匈牙利没有了玉米！

让我们把这张菜单更细密地分析一下。先拿几种饮料来说。1500 年，欧洲没有一个人知道什么叫作可可，什么叫作茶，什么叫作咖啡。过后传进来了，那价钱可贵得可怕，因此没有能一下子就成了一般人的爱物。不但没有能给一般民众享受，千奇百怪的观念都聚拢在那些东西上面；它们混进我们的日常生活是近而又近的事情。

西班牙人从墨西哥把可可带到欧洲。墨西哥的原住民把炒过的可可子、玉米粉、智利胡椒，和一些别的材料混合起来煎汤喝。原住民又拿可可荚当钱使，西班牙人当然不去学他，就是煎汤的方法也改得简便些。从西班牙传到法兰德斯和意大利，1606 年左右传到了佛罗伦萨。在法国，立殊理的兄弟是第一个尝味的人——是当作治脾脏病的药喝的。不管是不是医生，大家异口同声地说这味新药有些什么好处或什么坏处。1671 年，塞维涅耶夫人的信里头说，有一位贵妇人身怀六甲，喝可可喝得太多了，后来养了个黑炭似的孩子。有些医生痛骂可可，说是危险得很的泻药，只有印第安人的肠胃才受得住，可是大多数医生不这么深恶痛绝。有一位大夫甚至给自己做的可可粉吹法螺，说是治花柳病的特效药。神父们也来插一脚。可可是算作饮料呢还是算作食物？四旬斋里头可不可以喝可可，全看这个问题的答案。1644 年，布兰卡丘主教发表一篇用拉丁文写的论文，证明可可本身不算是食物，虽然它有点儿滋补，善男信女的呵责这才住声，这个大开方便之门的教条完全得胜。

约在6世纪中，中国已经种茶树，可是欧洲人却到了1560年左右才听到茶的名字，再过50年荷兰人才把茶叶传进欧洲。在1650年左右，英国人开始喝茶，再过10年培匹斯便在他的有名的日记上记下他的新经验。可是好久好久，只有上等社会才喝得起茶。从15先令到50先令一磅的茶叶，有多少人买得起？到了1712年，顶好的茶叶还要卖18先令一磅，次货也要卖14先令到10先令。这价钱到了1760年才大大跌落。跟可可一样，茶的作用也被人说得神乎其神。法国的医学界说它是治痛风的妙药，有一位大夫还说它是万应灵丹，担保它能治风湿、疝气、羊痫风、膀胱结石、黏膜炎、痢疾和其他病痛。亚佛兰彻主教但尼尔·羽厄害了多年的烂眼和不消化症，过后喝上茶，你看，眼睛也清爽了，胃口也恢复了，无怪乎他要写上58行的拉丁诗来赞扬了。

咖啡的故事也一样有趣。咖啡树原来只长在非洲的埃塞俄比亚，阿拉伯人在15世纪中用它当饮料，就此传播出去。可是，甚至近在咫尺的君士坦丁堡，不到16世纪也不会听见喝咖啡的话。1644年传到马赛，可是除几个大城市以外，法国有好几十年不受咖啡的诱惑。拿世界繁华中心的巴黎城说，虽然有东地中海人和亚美尼亚人开的供熟客抽烟打牌的小店里出卖咖啡，巴黎人也没有爱上它，直到1669年来了那一位土耳其大使，才大吹大擂让它在宴席上时髦起来。近代式的咖啡馆要到17世纪的末年才出现，可是不多时便成了上流社会常到的地方——军官、文人、贵妇人和绅士，打听消息的人，寻求机遇的人，有事没事全上咖啡馆来。不相上下的时候，咖啡馆也成了伦敦固定的新闻和政见的交易所。

到了 18 世纪，咖啡在德国也站稳了，可是激烈的抗议也时有所闻。许多丈夫诉说他们的太太喝咖啡喝得倾家荡产，又说许多娘儿们，倘若净罪所里有咖啡喝，宁可不进天堂。希尔得斯亥谟地方政府在 1780 年发布的一道训谕，劝诫人民摒除新来恶物，仍旧恢复古老相传的旧俗："德国人啊，你们的祖父父亲喝的是白兰地：像腓特烈大王一样，他们是啤酒养大的；他们多么欢乐，多么神气！所以要劝大家把所有咖啡瓶、咖啡罐、咖啡杯、咖啡碗，全拿来打碎，庶几德国境内不复知有咖啡一物。倘有胆敢私卖咖啡者，定即没收勿赦……"

可见禁令不是 20 世纪的发明，它的对象也可以不限于酒精饮料。

可是让我们记住，咖啡最初也是当药使的。据说它能叫瘦子长肉、让胖子瘦，对治瘰病、牙痛和歇斯底里还有奇效。奶酪兑咖啡，原先本是当一味药喝的，有名的医生说它是治伤风咳嗽的神品。洛桑地方的医生认定它治痛风。当然，也有怀疑的，还有说损话的。哈瑙公主是个爱咖啡成癖的人，终究中了咖啡的毒，浑身溃疡而死。1715 年有一位医生的论文证明咖啡促人的寿命；还有一位邓肯大夫说它不但诱发胃病和霍乱，还能叫妇人不育，男子阳痿。于是出来了一位大护法——巴黎医学院院长赫刻，他只承认咖啡能减轻性欲，使两性的关系高超，使和尚们能守他们的色戒。

照此看来，可可、茶、咖啡都是西方文明里头很新近的分子。拿来调和这些饮料的糖亦复如是。印度的祭司和医生诚然用糖用了几千年。可是要到亚历山大东征到印度（公元前 327 年）以后，欧洲人才第一回听说那个地方长一种甘蔗，“不用蜜蜂出力便能造出一种蜜糖”。又过上近 1000 年，欧洲人还是闻名没见面。到公元 627 年，君士坦丁堡的皇帝希拉克略打破了波斯国王的避暑行宫，抢了不少宝贝，这里面就有一箱子糖。原来早 100 年的光景波斯人就已经从印度得了种蔗技术。到公元 640 年左右阿拉伯人灭了波斯，也就学会了种甘蔗，把它到处种起来——埃及、摩洛哥、西西里、西班牙，全有了。蔗糖这才大批往基督教国土里输入，新大陆发现以后不久就又成了产蔗的大中心。可是，好久好久糖只是宴席上的珍品和润肺止咳的妙药。在法国，药业杂货业的联合公会拥有发售蔗糖的专利权，“没糖的药房”成了“不识字的教书先生”似的妙喻。直到 1630 年，糖仍旧是个珍品。巴黎一家顶大的医院里，按月发一回糖给那管药的女子：她得对天起誓，她只用来按方配药，决不营私走漏。可是一到 17 世纪，茶啦，咖啡啦，可可啦，全都盛行起来了，糖也就走上红运了，拿 1730 年跟 1800 年比较，糖的消费量足足增大了 3 倍。

再回到我们那张菜单子去，白米的老家也该在东方，带进欧洲是阿拉伯人的功劳。它也一向没受人抬举，直到中世纪末才上了一般人的餐桌。

除掉美洲来的番茄、土豆、豆子、玉米、面包、菠萝蜜、可可，非洲来的咖啡，中国来的茶叶，印度来的白米和蔗糖——我们那一餐还剩些什么？牛肉、小麦、裸麦、牛奶。这里面，裸麦在基督出世的时候才传进欧洲。其余的要算是很早就有了的，可也不是欧洲的土产，全都得上近东一带去找老家：五谷是那儿第一回种的，牛是那儿第一回养的，牛奶是那儿第一回取的，讲到起源，西部欧洲是一样也说不上。

这样分析的结果很不给欧洲人面子，可并非因为我那张菜单是随手一捞，捞得不巧。倘若我们不要牛肉片，要鸡或火鸡，黄种人的贡献显得更大。原来家鸡最初是在亚洲驯养下来的，火鸡在哥伦布远航以前也只有美洲才有。

科学离我们有多远

很多人想到科学时，不由自主便感觉那是与自己无关的一种存在。这种存在高远、艰深，由一些学问很大，智慧，又有些神经质的人在专门进行。

在越来越现代的社会里，科学其实是无处不在的，它随时随地与我们日常生活的一切，与我们所有人密切相关。在中国人的习惯思维里，我们总是要讲很多道理的。包括现在我小小地议论一下，也是沿用了这种思路。很多时候，我们阅读就是想破除一些延续很久的习惯。比如，在欧美文化传统中，人们的科学发现与思考却是随时随地的。

所以，我才要在这里向大家推荐这篇《欧洲人的一张菜单》。我不知道罗伯特·路威何许人也，但我很喜欢这篇文章。严格地讲，这篇文章的材料里并没有太多的新鲜东西。因为，相关的材料我从各种各样的地球大发现的书籍中都有所接触。我想对广大读者也是一样。但作为学生读物出现在大家面前的由国人编写的这类读物中，笔墨大多集中在怎样去发现，并在其间竭力讴歌人类探索未知的勇气与高尚的牺牲精神。但是，麦哲伦、哥伦布们最终发现了什么呢？往往语焉不详。而这篇文章，从一张菜单，从一张欧洲古老建筑中的餐桌上的食品说起。一道菜，就是一个曾经神秘的远方的植物。一种饮料，就是另一个大陆上的神奇物种。一种漂亮而可口的水果，曾经在热带岛屿的美丽风景中自生自落。

这个本来无所谓中心的圆球形的世界上，因为金钱，因为技术，因为野心，开始了从欧洲两个半岛上开始的地球大发现。发现者们把所有的发现都带回到自己的故乡。于是，这块发现者们的大陆便成为世界的中心。这个世界所有的东西都向这个中心汇聚。这种汇聚不但影响深远，而且规模浩大。但作者也许是某一次用完了按这张菜单配备的午餐，用餐巾擦干了嘴唇。饮用咖啡时忽然想到如此多样而丰富的菜单后面包含着各自不同的来历。而且，这个家伙是一个博学的人，于是，他便作为消闲，把这份菜单上不同东西的来历随手写了下来。

正是因为这个缘故，这篇文章才写得像一次闲聊一样亲切可人。有关地理与植物学的翔实知识露珠一样点缀其间，围绕这些材料的趣闻与掌故，更给这篇文章增加了许多阅读趣味。

所以，我推荐这篇文章的理由首先是因为它从身边发现了科学，其次是因为文章写法十分的从容优雅。

彗星

[美] 艾萨克·阿西莫夫　朱岚 译

彗星是太阳系中的又一族成员，有时会非常靠近太阳。在人们的眼中，彗星是一种横跨天空、光线柔和、云雾状的天体，样子就像我在第二章中提到的那种长着长尾巴或披散着头发的怪星，希腊人称之为毛星，我们今天仍称之为彗星。

彗星不像恒星或行星那样沿着容易预测的轨道移动，而似乎是来去无常，没有规律。在科学以前的时代，人们相信天上的星星与人类息息相关，这些飘忽不定的彗星似乎与生活中的怪事有联系，例如，未知的灾祸。

当天空出现彗星时，任何一个欧洲人都惊恐万状，直到 1473 年，情况才有改变。那一年，德国天文学家雷乔蒙塔努斯观察到了一颗彗星，并夜复一夜地把它相对于恒星的位置都记录了下来。

1532 年，两位天文学家，一位是意大利的弗拉卡斯托罗，另一位是德国的阿皮安，仔细研究了那一年出现的一颗彗星，并且指出它的尾巴始终是背向太阳的。

到了 1577 年，第谷看到了一颗新出现的彗星，试图利用视差法测定出它的距离。如果按照亚里士多德的说法，彗星是一种大气现象，那么它的视差应该比月球的视差大。但是实验证明这个说法错了，因为这颗彗星的视差太小，根本测量不到。彗星远在月球之外，必定是一种天体。

但是彗星的出没为什么会如此不规则呢？ 1687 年牛顿提出了万有引力定律之后，问题似乎清楚了，和太阳系中其他的天体一样，彗星也应受太阳引力的束缚。

1682 年，天空中又出现了一颗彗星，牛顿的一位朋友哈雷记录了它越过天空的路径。在查阅早期的记录时，他看到 1456 年、1531 年和 1607 年的彗星走了一条同样的路径，这些彗星每隔 75 年或 76 年就会再来一次。

这使哈雷突然想到，彗星同行星一样绕太阳运行，但是在一个非常扁的椭圆形轨道上。它们大部分时间在非常遥远的远日点那部分轨道上，所以太远太暗无法看到，然后在比较短的时间内闪耀着通过近日点附近的轨道。彗星只有在这一段时间内才能被看见；因为其他时间任何人也无法看到，所以显得来去不定。

哈雷预言，1682 年出现的那颗彗星到 1758 年将会回来。虽然生前他未能亲眼看到那颗彗星回来，但它真的回来了，1758 年 12 月 25 日首次被人们看见。由于它从木星附近通过时受到木星引力的吸引使它减慢了速度，所以回来得稍迟了一点儿。从此这颗特殊的彗星被称为哈雷彗星。后来它又于 1832 年及 1910 年回来过，并预计 1986 年还会再度出现。实际上，在 1983 年初，当它仍然非常遥远（但已开始接近地球）的时候，知道往哪里观察的天文学家们就已经看到它非常朦胧的身影了。

此后又计算出了其他一些彗星的轨道，不过它们都是在行星系统内的短周期彗星。哈雷彗星的近日点在金星轨道以内，离太阳只有8790万千米，远日点则在海王星轨道以外，离太阳52.8亿千米。

具有最小轨道的恩克彗星，公转周期为3.3年。它的近日点离太阳5050万千米，与水星的距离不差上下。远日点则在小行星带的外层，离太阳61100万千米。它是我们所知道的惟一一颗轨道完全在木星轨道以内的彗星。

但是长周期彗星的远日点都远在行星系统以外，大约每百万年左右来太阳系一次，1973年，捷克天文学家科胡特克发现了一颗引起大家关注的彗星，原以为这颗彗星会格外明亮，实际上并不很亮。在近日点，它距离太阳仅3770万千米，比水星还近。但是，在远日点，竟退到5000亿千米之外，也就是相当于海王星与太阳距离的120倍（如果轨道计算正确的话）。科胡特克彗星绕太阳公转一周要用217000年，毫无疑问，还会有更大的绕行轨道的彗星。

1950年，奥尔特提出，从太阳向外延伸6.4×1012千米~1.28×1013千米（科胡特克彗星远日点的25倍）的广大空间，有上千亿个小天体，大部分直径为0.8~8千米。它们的质量总和还不到地球的1/8。

这种物质是一种彗星壳，是在将近50亿年前形成太阳系时凝聚的原始气体尘埃云遗留下来的。彗星与小行星的区别在于，小行星本质上是岩石；彗星则主要是由冰样物质组成的，虽然在它们通常远距太阳时像石头一样坚固，但一旦接近某种热源，很快就会被蒸发。（1949 年，美国天文学家 F. L. 惠普尔首先提出，彗星基本上是冰样天体，有一个岩石的核，或者到处分布着砾石。这个理论被人们称为脏雪球理论。）

在通常情况下，彗星待在它们遥远的老家，以上百万年的公转周期围绕着遥远的太阳缓慢地运行。然而，如果有一个偶然的机会，由于碰撞或某些较近恒星的引力影响，有些彗星在非常缓慢地环绕太阳公转中加快了速度，从而完全脱离了太阳系。其他的彗星则速度缓慢，向着太阳运动，同时环绕太阳运行并回到它们最初的位置，然后再次下落。当这些彗星进入太阳系内部并从地球附近经过时，我们就能够看见它们。

因为彗星发生在一个球形的壳中，所以它们可以从任何角度进入太阳系内部，而且逆行的可能性和顺行的可能性是一样的。例如，哈雷彗星就是逆向运行的。

彗星一旦进入太阳系内部，太阳的热就会使组成彗星的冰样物质蒸发，从而释放出陷入冰中的尘埃。蒸气和尘埃形成彗星周围的朦胧大气（彗发），因而使彗星看上去像是一个巨大的有毛的东西。

于是，在完全冻结的时候，哈雷彗星的直径可以只有 2.4 千米。当从太阳附近经过时，在哈雷彗星周围形成的雾状物，其范围直径可以高达 40 万千米，所占体积超过巨大木星体积的 20 倍，但是雾状物中的物质散布得非常稀薄，同雾状真空一模一样。

从太阳发出的比原子还要小的微粒射向四面八方。这股太阳风冲击围绕着彗星的雾状物，把它们向外吹出一条长长的尾巴，这条尾巴可以比太阳本身的体积还要大，但其中的物质散布得更加稀薄。当然，正如弗拉卡斯托罗和阿皮安 450 年前所注意到的那样，这条尾巴总是背向太阳。

彗星每次绕过太阳，由于蒸发或从尾巴上流失，都会失去一些物质。最后，在经过太阳 200 次以后，彗星就全部分解成尘埃而消失；或者，留下一个岩石的核（如恩克彗星那样），最后看上去不过是一颗小行星。

在太阳系的漫长历史中，几百万颗彗星不是被加速从而被驱逐出太阳系，就是被减速而进入太阳系内部，最后衰亡毁灭。但是仍然还留有几万亿颗彗星，因此彗星没有绝迹的危险。

科学与文学：双重的美丽

1986 年，哈雷彗星来访的时候，我写过一个短篇叫《再过七十六年》。那不是科幻小说。小说记述当时和一批同样年轻的朋友，如何顶着青藏高原冬天的严寒爬到视线开阔的高山上去看彗星。这颗彗星上次来访，是 1910 年。1986 年，我们都是二十多岁，看完彗星，拖着一夜激动后的疲惫下山时，有人说哈雷按其周期再来地球时，我们都不在这个世界上了。于是，人人都感到了用有限的生命去面对无限的时间那种莫名的恐惧与空虚。悠悠忽忽十多年过去了，当年的朋友都从高原上下来，星散于四方，接受了命运千差万别的安排。

命运给我的安排是坐在编辑部看和自己当年看彗星时一样年轻的科幻作家的作品。

科幻小说比起所谓主流文学中的小说写法来，至少有一点明显的优势，就是可以藐视无情的时间。因为，在科幻小说里，科学而大胆的想象会轻易地超越时间的局限。比如，本篇推出新人姚鹏博的小说《三十六亿分之一》里面便满是青春的闪烁光芒。关于地球生命的起源，有一种严肃的说法是反达尔文生命进化论的，认为地球生命来自于彗星的赠予。《三十六亿分之一》在不否定达尔文学说的前提下采信了这种说法，并写成了一篇有着美丽想象的小说。读完他的小说，又读阿西莫夫的这篇东西，立即便想将其推荐给大家。

是的，又是阿西莫夫。我们已经读了太多的阿西莫夫。阿西莫夫曾经有好些年停止了科幻写作，去写科普书籍，然后，又回头来写科幻小说。今天，我们看到的就是写作科普的阿西莫夫。这篇文章选自江苏人民出版社《阿西莫夫最新科学指南》。从我们的观点看，彗星都因为短暂而美丽，阿西莫夫的这篇东西里却有一种长久的美丽。这是科学的美丽，也是文学的美丽。具有这双重美丽，是为科学美文。如果再和小说中的彗星参照起来，更会见出想象与才情的美丽。

假预言

[英]阿德里安·贝里　田之秋 译

对于大自然这本无穷奥秘的书，我读不懂。

——莎士比亚：《安东尼和克里奥帕特拉》

未来世界能预测吗？不是预测1年、10年、100年，而是500年。初看起来，如果有人说他能做到，那这个人必定是大言不惭到了神经不正常的地步。要预测一年以后的情况通常也是做不到的，更不要说这么遥远的未来世界了。

但是确实有一种办法使我们能够窥见未来，并且准确地预测某些事件。我们可以作出这样的设想，即人通过自己创造的工具不断地创造和再创造自身。除了在一个很短的时间里，历史不是由政治来驱动；驱动历史发展的是机器发明以及各种新发现，而这些发明和发现又改变着人们的行为举止。四百年前弗兰西斯·培根就已指出：

“那些由城市的奠基者们，法律的制定者们，老百姓的领导们，暴君的推翻者们，以及这些人代表的阶级中的英雄们所产生的伟大影响不过转瞬即逝；而发明者们的工作，尽管不那么辉煌、耀眼，却影响深远。”

让我们回顾一下历史。

上一次冰河时代结束后几千年发明了农业，它使人们能在一个地点定居下来，结束依靠狩猎和采撷野果为生的游牧生活。在此后的几百年里出现了城邦，开始了帝国时代。帝国不是凭空出现的，而是士兵们用手中的武器打出来的。今天，这段历史已经成了人们发现新材料以及应用新材料对人的影响的故事了。大约在公元前 1500 年，铜器的出现代替了石器，到了公元前 700 年，铜器又被铁器所代替，而铁器的出现使当时好战的国家第一次使用利剑和装甲，发动大规模的征战从而改变了欧亚的面貌。四千年前赫梯人统治了小亚细亚，他们不仅仅凭雄心壮志而是凭他们铸造比他们的敌人使用的铜剑更坚硬的铁剑[1]。

大约到了公元初年，人们发现通过混合不同材料能够造出人造石块，此后水泥在建造人类文明世界中便起了主要作用。公元 1800 年前后，出现了钢。随着硅晶体的应用，1946 年第一台计算机问世。到了 90 年代，出现了全新的人造材料，开辟了改造人类的前景。

那么我们又如何去预见未来的技术成就以及它对人类的影响呢？似乎最好的办法就是请教在这方面最了解情况、最有知识的科学家和技术专家。

但是我们会遇到意想不到的困难。看来在预言未来的技术发展方面，谁都不见得会比那些“专家”差。到目前为止，我还找不出一个例子，

[1] 中世纪的英法百年战争中为什么英国最初占有优势，而最终又失败了呢？其复杂的社会根源一直困扰着历史学家们。艾萨克·阿西莫夫指出其显著的原因：英国最初取得优势是由于它使用了杉木造的长弓箭，而后来遭到失利是由于法国使用了更先进的武器——火炮。

说明任何一种发明、发现或者技术上的突破没有被某些自命不凡的权威说成是不可能，或者至少是无用的。下面就是一些例子，这些例子既有趣，又发人深思。

当哥伦布请求西班牙的费迪南国王和伊莎贝拉王后资助他去海上探险航行时，这两位陛下成立了一个由最著名的学者和地理学家组成的委员会来研究这件事情的可行性。1486 年，委员会在呈递给国王和王后的报告中作出了否定的结论。其中包括了圣·奥古斯丁和基督教哲学家拉克，但萨斯的如下意见：

“难道有这样的傻瓜会相信存在一块同我们脚对脚，人们走路脚朝天、头朝下的地方？会相信地球上竟然有这样的地方，那里东西都是颠倒的，树枝朝下长，雨雪冰雹朝上落？把地球说成是圆的就是为了替这种存在两极的神话辩护。这些哲学家一旦走入迷途，就会在谬误的道路上越走越远，并且相互为错误辩护。”

难怪报告作出了这样的结论：

“西面的大洋是漫无边际的，还可能是不能航行的。从它存在起，几百年来，没有人找到过没有被发现的、有利用价值的陆地。”

在天主教教廷拒绝承认伽利略的发现之前，有些天文学家在 1610 年就向宗教法庭提出了所谓的“证据”：

“环绕木星的卫星不能为肉眼所见，因而对地球没有影响，因而不起作用，因而也就不存在。”

当达盖尔1839年发明摄影术时，他备受那些不作任何调查研究的专家们嘲弄。当时莱比锡一家报纸发表了一篇文章，从文章的字里行间可以看出来，作者在写文章之前曾经咨询过一位技术专家。文章写道：

“企图捕捉转瞬即逝的影像是做不到的。不仅如此，在德国进行的一项深入的调查研究表明，这种想法简直是亵渎神灵。上帝按照自己的形象创造人，没有人能够用人造的机器去捕捉上帝的形象。这位法国人达盖尔吹嘘自己能做到这种闻所未闻的事情简直是傻瓜中的傻瓜。”

开垦边远地区的土地作为一项技术上的发明也曾引起一些持保守观点的人的偏见。美国最大的一个州，阿拉斯加州由于其巨大的石油、天然气和贵重金属资源，今天已经成为美国第三个最富有的州。然而在19世纪，一些短视的人却想象不到阿拉斯加会有任何价值。他们谈起阿拉斯加就像今天，20世纪末，人们谈月球一样。这也是我提出这个例子的原因。当美国国务卿威廉·苏厄德于1867年用720万美元从俄国手中把这块土地买下来时，国会曾进行过激烈的辩论。有些国会议员把它说成是“苏厄德做的蠢事”。有一位名叫沃什伯恩的议员宣称：

“拥有这块俄国领土不能给我们带来荣誉、财富和力量，它反会削弱我们，增加国家的开支，而且不会得到任何足够的补偿。”

1844年，参议员丹尼尔·韦伯斯特用更加形象生动的口吻反对从墨西哥手中购买加利福尼亚，而加州今天成了一个比阿拉斯加更富饶的州。（22世纪很可能也会有人用同样的口吻来谈论向火星移民的前景。）

韦伯斯特当时说：

“我们要这一大片没有价值的地方干什么呢？这是一个野蛮人和野兽出没的地区，这里只有沙漠、流沙、尘暴，这里只有仙人掌和土拨鼠。美国要这块地方有什么用呢？”

能源领域里的进步在“专家”们的眼中也是荒唐的事情。1879 年，爱迪生发明电灯，当时英国邮政局的总工程师威廉·普里斯爵士斥之为“鬼火”。

卢瑟福勋爵 1903 年成功地分裂了原子，但他却看不到他的发现的实用价值。他说：“如果有人寄希望于通过改变原子来获得能源，这无异于水中捞月。”爱因斯坦也一度同意他的观点，只是后来才改变自己的想法。爱因斯坦当时曾经说过：“没有任何迹象表明原子能是能够获得的。”

交通工具的发明似乎也是令人难以置信的。有时候，那些发明交通工具的人也有这种想法，威尔伯·赖特说：“1901 年，我对我的兄弟奥维尔说过，50 年内，人不可能乘飞机飞上天空。”但是 1903 年莱特兄弟却试飞了世界上第一架飞机。而在这个时候，天文学家西蒙·纽科姆，一位确实对天上无所不晓的专家写了一篇当时很有名的文章。他在文章里说：

“已知的物质，已知形式的机器和已知形式的力不可能组合成一种实在的机器，并且用这种机器在空中进行长距离飞行。这种演示对本文作者来说，就像是未来的任何物理现象现在都能够演示一样。”

这里我禁不住要谈谈曾经被无数专家斥之为荒唐的宇宙航行[1]。他们都是一些有名望的饱学之士，但是这些人每当遇到新思想时，往往表现出傲慢、愚蠢和缺乏想象力。我们该如何评价某位学识丰富的教授对把航天器送上宇宙空间轨道的看法呢？这位教授断言，这是做不到的，因为“拥有最强爆炸力的硝化甘油每克产生的热量仍不足 1500 卡路里 [1 卡（卡路里的简称）= 4.18 焦耳] ”。事实上推动宇宙航天器的是化学反应而不是爆炸力。

这位教授的同事们还用经过仔细计算的长达 7 页的数学公式，证明宇宙航行的不可行性，因为“把一磅的重量送上轨道，在起飞时需要 100 万吨燃料产生的推力”。（根据 1994 年的数字，把 1 磅重量送上轨道只需 1 吨燃料，未来实现私人宇宙旅行时，这个比例肯定会缩小 100 倍。）

甚至到 1961 年，成功发射第一颗电视转播卫星的前一年，美国联邦通信部门的专员克雷文还说：“实际上还看不出通讯卫星会对改善电话、电报和电视广播服务提供机会。”

我们还记得国际商业机器公司（IBM）的创始人托马斯·沃森 1943 年说过：“世界市场对计算机的需求大约只有 5 部。”而事实上，今天如果我们把要装在我们汽车内以及家用和机器用的电脑都计算在内，计

---

[1] 皇家天文学家理查德·乌利爵士在 1956 年，即世界上第一颗人造卫星 Sputnik 出现前一年，宣称所谓的太空旅行完全是“无稽之谈”。后来由于他显赫的地位，成为英国政府太空探索咨询委员会的主要成员。也许是巧合，此后英国再也没有一个真正的太空计划。

算机的数目必定已超过 10 亿台。

如果我们不相信专家能够准确地预测未来，那么又相信谁呢？回答是，对于长期预测来说，科幻小说作家是可以认真信赖的。

这种说法听起来可能使人惊奇，因为科幻小说常常被看作是一种异想天开的东西，不错，它们绝大部分的确如此。有一次，科幻小说作者西奥多・斯特金的发言激怒了一个参加科幻小说作家会议的同行，他说："百分之八十的科幻小说都是胡说八道。"但他接着安抚他的听众说："任何东西中的百分之八十也都是胡说八道。"

记住我们现在要谈的是斯特金发言中指的百分之八十以外的那一小部分，也许比那部分还少的部分，那么现在让我们来听听阿瑟・克拉克 1982 年说的一段话[1]：

"我认为只有科幻小说的读者或者作者才真正能够讨论未来世界的可能性问题……过去半个世纪以来，数以万计的科幻故事探索了所有可以思议的，以及大部分不可思议的可能性……用批判的态度（这里的批判二字很重要）去阅读科幻小说对于任何一个想研究未来 10 年以上的人都是一种基本的训练。那些不熟悉科幻小说的人是几乎不可能去想象未来世界的。我并不是说有百分之一以上的科幻小说读者会成为可靠的预言者，但是可

---

[1] 他的第一法则是："当一位德高望重的老科学家称某种情况是可能时，他几乎肯定是对的，而当他说某种情况是不可能时，他很有可能是错的。"

靠的预言者几乎百分之百都会是科幻小说的读者，或者作者。”

那么，由政府雇用或者资助的许许多多的“研究未来学的专家”又如何呢？第一世界的国家和国际组织正不断地组织知名经济学家、科学家和技术工作者参加的研讨会对未来世界进行预测，但是这些人很少读过科幻小说，更没有写过科幻小说。不过我们是否就由此得出结论说，他们作出的所有预测都是错误的呢？

不幸的是，有证据表明的确如此。

1968 年，一批国际上知名的专家在罗马组织了一个罗马俱乐部，专门研究“全球经济、政治、自然和社会制度的相互依存问题”，并在 1972 年发表了一篇被悲观主义者赞誉为具有权威性的报告，然而这篇报告却是一些胡说八道的谬论。这篇名为《增长的局限性》的报告预言，到 21 世纪末，工业资源将会枯竭，人类将会在自己制造的污染中不能自拔。（污染这个词可以有上千种解释，从来没有明确界定的定义。）但是没有任何迹象表明这种情况会发生。报告中有着许多事实性的错误和误解，它的基调之所以是错误的，就是因为作者们把地球看作在宇宙中是孤立的，居住在地球上的人无法从太阳系中获得资源，其实，在月球上，小行星和行星上都有着无穷无尽的有用物质。这一事实就足以推翻他们的结论，可是他们的报告没有提到这种事实，而科幻小说会告诉他们完全相反的情况。

同罗马俱乐部的报告一脉相承，由卡特总统任命组成的一个小组，

1979年提出了一份名为《关于2000年的报告》，人们可能以为这份不像《增长的局限性》那样雄心勃勃，而只试图预言21年后的政治、经济情况的报告，可能会有一些成功的机会。结果它完全失败了。在报告发表后不久出现的所有重大事件，包括苏联的解体，中国台湾、中国香港、韩国、马来西亚和新加坡等几只"亚洲老虎"的巨大经济增长等，它一件也没有预见到。

没有任何一家政府机构预测到下面这些改变战后世界面貌的重大事件："二战"后的冷战、1973年阿拉伯石油禁运以及登月后的电子工业的巨大发展等，这些都是他们始料不及的事件。美国参谋长联席会议在20世纪80年代花了100多万美元建造了一台名为"预报者"的巨型计算机，想通过它了解世界上的任何情况，包括政治和军事的发展趋势，自然资源和各种经济和社会因素。其结果作为秘密没有公布，但是我猜想不必担心其中会有什么秘密，我们也不必认为我们会错过任何会引起我们兴趣的东西。

在经济学方面，预报的质量也是令人失望的。的确，长期的预报通常是成功的。如果我们预测的时间有足够长，我们有相当把握会发财。运用复利计算法，一个国家的经济年增长率为2.5%的话，100年后它的财富将增加12倍。但是如果企图预测几年内的经济升降，就好比是研究弯弯曲曲的鸡肠。亨利研究中心的著名经济学家保罗·奥默罗德说，没有经济学家能对当前发生的事件作出解释。他指出，他的许多同事都迷恋于经济理论，而不去注意现实世界上正在出现的问题。他们实际上取得的成就不过是相当于16世纪牛顿以前，还没有发现地心引力定律那时候的物理学的水平。奥默罗德把他们比作谢德威尔的喜剧《艺术大师》里的认为自己无所不能，甚至把自己看作是世界上最棒的游泳选手的主人公。“而这位主人公却从未下过水游泳，他只是躺在桌子上模仿拴在他面前的一只青蛙的游泳动作。”

那么，这些政府预报部门素质不高的原因何在呢？答案非常简单。正如科幻小说作者本·波瓦指出的：“他们的预测之所以总是失败，就是因为总是要求他们拘泥于事实，不允许他们像科幻小说作者那样作任何假设。他们必须牢牢地根据他们写作时候的技术发展状况去思考，这种做法的结果只能是胡说八道，就像 19 世纪时有人警告说，到 1940 年，伦敦将会陷在几米深的马粪里。”波瓦指出：

“没有一个政府未来学机构会预言一种半偶然性的发现会改变整个世界，然而半导体的发现却是这样。如果没有半导体和集成电路，就不会有今天的电脑世界和通信卫星。然而当一个预测未来的机构在 1950 年前后预测电子技术的发展时，它只谈体积大而又复杂的真空管，完全不谈电子部件的微型化问题，而当时半导体的出现已经使微型化成为可能。在这个时候，科幻小说作者们已经预言将会出现诸如手表式收音机和袖珍式计算机等奇迹。他们能这样做，并非因为他们能‘预见’半导体的发明，他们只是本能地觉得当时体积庞大的电子计算机和收音机一定会得到改进。”

那么未来学家如何才能避免被后人耻笑呢？答案是他们必须尊重科学。所谓科学我指的不是科学家们的意见，而是他们的发现以及获得科学发现的途径。科学探险是需要谨慎从事的，有些事情，例如超光速，建造永动机以及绝对准确地预测未来，基本上是不可能的。一切严肃的作家都不会作这样的预测，除了这些以及类似这些之外的任何事情都是可能的。如果有相当多的人希望某种事情出现，而且在技术上也并非是不可能做到的，那么这种事情或迟或早将会发生。

J.K.P. 哈特利说过，未来“是另一个国家，那里的人用不同的方式行事”。当别人同你谈到这些问题时，用专家们的话来回答是不合适的，不要说：“你对某某事情不能预言，这太异想天开了！”这样的回答是思想因循守旧，缺乏想象力的表现。如果按照过去几百年的标准来看待本世纪（20 世纪——编者注）所有的技术进步，都会把它们叫作异想天开。用我们现在的标准看待未来也会是这样。科学是不会停滞不前的，科学发现肯定会加快步伐。也许现在去考虑未来 500 年的事情为时过早，也许会落得像弗雷德·霍伊尔爵士的小说《乌云》里的主人公的遭遇——立即死于头脑发热症。

这里不妨引用阿瑟·克拉克的第三条，也是最明白无误的一条定律：“一种非常先进的技术是难以同魔术相区别的。”

真假预言

1999 年，媒体曾经爆炒千禧题材，尽管有科学家指出，那其实只是旧千年的结束，而不是新千年的开始，需要欢乐题材与理由的媒体与公众对此却置若罔闻。而今天，真正的新千年到来的时候，整个社会却没有任何动静了。所以，我们才希望为新千年的到来做点什么。于是，便有了这期特别策划的“新世纪展望号”。

比 1999 早一两年，市面上曾有两本预言未来的书。一本是半仙半巫的诺查丹玛斯，一本是以科学与幻想眼光展望未来 500 年的《大预言》。结果是前一本热销的劲头远远超过了后一本。此种现象，对于一个正努力以全新姿态加入现代化的国际大家庭的民族来说，这种迷信与蒙昧，这种科学思想的贫血，真是一种莫大的悲哀。今天，新千年真正要到来的时候，在一个长途飞行的航班上，当钢铁的翅膀载着我们从东向西穿越中国大陆，我再次重读阿德里安·贝里的《大预言》，书中那些有关科学与幻想之间互动关系的精辟论述使我受到了深深的震撼。所以，我愿意将其第一章的这一部分作为一篇科学美文与读者分享。这种分享也是“科学美文”栏目开张以来，与编辑其他栏目不同的一种全新经验。那就是自己被征服后，再与人分享。所以，每一期，我都乐于写下这些感动于这些代表着未来智慧与思想的文字。亲爱的读者，我，就是以这种方式与你分享。中国作为一个传统文化深厚无比的国度，对于过去的历史，不乏精辟的反思与表现，但我们总是缺乏一种展望未来的科学眼光。科幻文学中所具备的三个关键词：科学、幻想与发现，正是我们这群办刊人所要注入给广大读者的一个基本的观念。我们不是精神领袖，不是思想导师，我们只是先于大家被科学之美、幻想之美和发现之美所感动，并急于把这种感动传达到更大范围，与更多的青少年分享，因为只有青少年的将来决定着我们国家与民族在明天的基本面貌。

我，和我的同人们永远渴望着更多的分享，就像渴望成功、渴望幸福一样地渴望着，或者，这种分享本身已经成为我们这些杂志人的成功与幸福。

天文学家告诉我们，当这一年最后一张日历纸被翻过，新的千年才算是真正到来了。在我们生命中，多次君临的一月中，下一个一月是具有更多意义的。行文至此，突然想起奥尔多·利奥波德的一段话，他说："从1月到6月，有趣现象之多是成几何级数的。"那么，新的千年，就应该有更多美好的期待，在我们心胸中蓄积着……

一座鸽子的纪念碑

[美] 利奥波德[1] 侯文蕙 译

我们树立了一个纪念碑，用它来作为追念一个物种的葬礼。它象征着我们的悲哀。我们悲痛，是因为活着的人们将再也看不见这胜利之鸟的气势磅礴的方阵。它们曾在三月的天空为春天扫清道路，把战败了的冬天从威斯康星所有的树林和草原中驱逐出去。

还记得他们青年时代的候鸽的人仍然活着。那些在它们年轻时曾被鸽群呼啸着的有力的风摇撼过的树木也还活着。然而，10 年后，就将只有最老的橡树还记得，时间再长一些，就将只有那些山岗还记得。

在书中和博物馆里总会有鸽子，但这是一些模拟和想象中的形象，它们对一切的艰难和一切的欢乐都全然无知。书中的鸽子不能从云层中突然窜出来，从而使得鹿要疾速地去寻找一个躲藏的地方：也不会在挂满山毛榉果实的树林的雷鸣般的掌声中振翅飞翔。书中的鸽子不可能用明尼苏达的新麦做早餐，然后又到加拿大去大吃蓝草莓。它们不懂得季节的要求，它们既感觉不到太阳的亲吻，也感觉不到寒风的凛冽和天气的变换。它们在没有生命的情况下永存着。

---

[1] 利奥波德（1887–1948），美国威斯康星大学教授，著名科学家和环境保护主义者，本文选自他的环保名著《沙乡年鉴》。

我们的祖父在住、吃、穿上都不如我们。他们用以和命运作斗争的努力，也是那些从我们那里剥夺了鸽子的努力。大概，我们现在悲痛，就是我们不能从内心确信我们从这种交换中真有所得。新发明给我们带来的舒适要比鸽子给我们的多，但是，新发明能给春天增添同样多的光彩吗?

自从达尔文给了我们关于物种起源的启示以来，到现在已有一个世纪了。我们现在知道了所有先前各代人所不知道的东西：人们仅仅是在进化长途旅行中的其他生物的同路者。时至今天，这种新的知识应该使我们具有一种与同行的生物有近亲关系的观念，一种生存和允许生存的欲望，以及一种对生物界的复杂事务的广泛性和持续性感到惊奇的感觉了。

总之，在达尔文以后的这个世纪里，我们确实应该清醒地认识到，当人类现在正是探险船的船长的时候，人类本身已经不是这只船惟一的探索目标了，而且，也应该认识到，他先前所担负的责任，就其意义而言，只是因为必须要在黑暗中鸣笛罢了。

照我看来，所有这些都应该使我们醒悟了。然而，我担心还有很多人未能醒悟。

由一个物种来对另一个物种表示哀悼，这究竟还是一件新鲜事。杀死最后一只猛犸象的克罗－马格诺人想的只是烤肉。射杀最后一只候鸽的猎人，想的只是他高超的本领。用棍棒打死最后一只海雀的水手根本什么也没想。而我们，失去我们的候鸽的人，在哀悼这个损失。如果这个葬礼是为我们进行的，鸽子是不会来追悼我们的。因此，我们超越野兽的客观证据正在于这一点，而不是在杜邦先生的尼龙，也不在万尼瓦尔·布什先生的炸弹上。

这个纪念碑，就像一只立在这个悬崖上的游隼，它将瞭望这个广阔的山谷，并将日日夜夜、年复一年地注视着它。在一个又一个的三月里，它将看大雁飞过，看着它们向河水诉说冻原的水是怎样清澈、冰冷和寂静。在一个又一个的四月里，它将看着红色的蓓蕾长出来，然后又消失。在一个又一个的五月里，它要看着那布满千百个山丘的橡树翠色。探询着什么的林鸳鸯将在这些椴树中搜寻带洞的树枝，金色的黄森莺将从河柳上抖下金色的花粉，白鹭将在八月的沼泽作短暂的停留。鸲鸟将从九月的天空传出哨音。山核桃将“啪嗒啪嗒”地打在十月的落叶上，冰雹将在十一月的树林中引起骚乱。但是，没有候鸽飞过来。因为没有鸽子，所以留下来的只是这个悄然无声的、用青铜制成的立在这块岩石上的阴沉形象。旅行者们将会来读它的碑文，但他们的思想将不会得到鼓舞。

经济学的说教者对我们讲，对鸽子的悼念只不过是一种怀旧的感情，如果捕鸽人不把鸽子消灭掉，农民们为了自卫，最终也将当仁不让地来执行消灭鸽子的任务。

这是那些非常特别的确有根据的事实之一，但是，却没有理由来这样说。

候鸽曾经是一种生物学上的风暴。它是在两种对立的不可再容忍的潜力——富饶的土地和空气中的氧——之间发出的闪电。每年，这种长着羽毛的风暴都要上下呼啸着穿过整个大陆。它们吸吮着布满森林和草原的果实，并在旅行中，在充满生命力的疾风中消耗着它们。和其他的连锁反应现象一样，鸽子只有在不减弱其自身的能量强度时，才能生存。当捕鸽者减少着鸽子的数目，而拓荒者又切断了它的燃料通道的时候，它的火焰也就熄灭了，几乎无一点火星，甚至一缕青烟。

今天，橡树仍然在空中炫耀着它的累累硕果，但长着羽毛的闪电已不复存在了。蚯蚓和象鼻虫现在肯定是在慢腾腾地和安安静静地执行着那个生物学上的任务。然而，那一度曾是个从空中发出雷霆的任务。

问题并不在于现在已经没有鸽子了，而是在于，在巴比特时代以前的千百年中，它一直是存在着的。

鸽子热爱它的土地：它生活着，充满着对成串的葡萄和果仁饱满的山毛榉坚果的强烈渴求，以及对遥远的里程和变换的季节的藐视。只要威斯康星今天不提供免费食品，明天它就会在密执安、拉布拉多，或者田纳西搜寻和找到它们。鸽子的爱是为眼前的东西，而且这些东西过去是在什么地方存在过的。要找到这些东西，所需求的仅仅是一个自由的天空，以及振动它双翅的意志。

爱什么？是现在世界上的一个新东西，也是大多数人和所有的鸽所不了解的一个东西。因此，从历史的角度来看看美国，从适当的角度去相信命运，并去嗅一嗅那从静静流逝的时代中度过来的山核桃树——所有这些，对我们来说都是可能做到的，而且要取得这些，所需要的仅仅是自由的天空，以及振动我们双翅的意志。我们超越动物的客观证据正是在这些事物中，而并非在布什先生的炸弹里和杜邦先生的尼龙中。

橡树与候鸽

两年前，到重庆经典书店签名售书，正式活动前一天，老板陪着参观书店，好像足球运动员赛前熟悉场地一般。这家民营书店开张不久，店面布置，特别是书籍的品种和质量上，都有些先声夺人的架势。就是在这家店里，久寻不到的两本环保经典作品不期然中突现眼前。一本是蕾切尔·卡逊的《寂静的春天》，一本是利奥波德的《沙乡年鉴》，两本书都是吉林人民出版社出版。当天晚上，便迫不及待开始阅读。前些天再去重庆与《电脑报》的同行交流做科普的心得，带的枕上读物，竟是这本《沙乡年鉴》。深夜捧读，重温一些特别喜爱的章节，窗外的市声消隐，威斯康星沙乡四季流逝的风景在眼前展开。

在这本书中，我最喜爱的是《好橡树》。橡树是一个学名。在中国，学名是专业书上的词汇，不是专门的植物学家，很难将在民间的俗名与学名一一对应。所以，至今也不知道橡树是我认识的树中的哪一种，抑或是一种根本就不认识的树。惭愧。9 月份访美，《轨迹》杂志编辑兰斯带了一位叫诺曼的女作家从旧金山驱车几十英里（1 英里＝1.609 千米）到硅谷，来陪我们度过此行在美国的最后一个夜晚。在一家古色古香的意大利餐厅，伴佐美食的是愉快的谈话。在硅谷当然会谈电脑，谈网络，最后，不知怎么却谈起了橡树。我说非常想知道橡树究竟是什么样子。兰斯奋力描绘，秦月小姐仔细翻译，我还是不得要领。于是，女作家诺曼自告奋勇，要将那样子画给我看。她画了一片叶子和一枚坚果。要在晚餐余暇里，逼真地画出一株大树，实在有些工程浩大，但仅靠这一片叶子与一枚坚果，我仍然不知道橡树是什么样子。诺曼给橡树下的最后一个定义是：橡树就是长给松鼠吃的果子的那种树。于是，她又在叶子与果子旁边画了一只大尾巴的小松鼠。

我还是不知道橡树是什么树。更妙的是，把他们的话作了很传神翻译的秦月也没有明白。所以，便不好意思把自己都不认识的东西推荐给读者。还有一个技术性的原因，《好橡树》篇幅太长，也不太适合放在这个栏目里。所以，就挑一种大家都不会不认识的吧。于是，呈现在读者面前的，便是这篇《关于一个鸽子的纪念碑》了。当然，这不是我们所知道的信鸽或广场鸽，而是候鸽，一种因为人类活动消失于人类视野中美丽而又无辜的物种。

奥尔多·利奥波德的上述作品发表于1949年，而他本人已经在前一年告别了这个他因为深爱而深深忧虑着的世界。利奥波德“是一个热心的观察家，一个敏锐的思想家和一个造诣极深的文学巨匠。不仅如此，他还是一个有着国际威望的科学家和环境保护主义者，为创建20世纪美国的两个新专业——林学和野生动物管理学上，也卓有建树”。

翅膀

[法] 儒尔·米什莱　李玉民 顾微微 译

翅膀！翅膀！为了飞行，

飞越深谷，飞越高山！

翅膀也安抚我的心，

曙光就是心的摇篮！

乘清晨紫色的霞光，

翅膀盘旋，俯视海洋！

翅膀啊，超然于生命！

翅膀啊，越过了死亡！

——吕凯尔特[1]

这是整个大地、整个世界和生命的呼叫，这是动物和植物所有物种，以千百种不同的语言发出的呼叫，这声音甚至发自石头和无机界："翅膀！我们要长翅膀，要活动和飞翔！"

是的，完全处于惰性状态的物体，也无不贪婪地冲向化学变化，以便进入宇宙生命的潮流，长出活动和发育的翅膀。

---

[1] 吕凯尔特（1788–1866），德国诗人。

是的，植物虽然固定在根上，但是却向有翅膀的存在物倾诉心中的爱，并且以风、水流、昆虫为载体，以便体验外界的生活，具有大自然拒绝给它们的飞行能力。

我们怀着怜悯的情感，观看二趾树懒、三趾树懒这些半成品动物，正是人的哀怨而痛苦的形象，它们每走一步都要哼一声："懒"或"迟缓"，我们给它们的这种称呼，倒是应该留给我们自己。如果缓慢是指对活动的渴望，是指要行走，要向前进和行动的始终落空的努力，那么，真正的"迟缓者"正是人。人有从大地一点转移到另一点的功能，近来又发明了协助这种功能的巧妙工具，尽管如此，人并未减少对大地的依赖性，还照样受万有引力的摆布，紧紧粘在大地上。

在我看来，大地上恐怕只有一个族类，以其自由和迅疾的动作，可以无视或排除无力实现渴望的这种普遍的悲哀：可以说，这种动作只通过翅膀梢儿与大地相连了，而且往往无需动作，完全靠空气的托载，仅仅根据自己的需要和意愿掌握方向就行了。

便当的生活，卓越的生活！最普通的一只鸟会以什么目光，观望而蔑视最强大的、跑得最快的四足动物：老虎、狮子啊！鸟儿看见它们附着并固定在大地上，那种无能为力的样子，会发出多么鄙夷的微笑啊！老虎或是狮子，枉称"兽中之王"，只能徒然地吼叫震撼大地，而夜间的哀鸣则表明还受奴役，受束缚，同我们所有人一样，还过着饥饿和万有引力同样强加给我们的低级生活。

噢！肚腹的命运！只能在大地上活动的命运！无情的重力提醒我们的每只脚，我们死后还要回到粗糙而沉重的归宿，它对我们说道：“大地之子，你属于大地。你从她怀抱里出来片刻，还要长久地待在那里。”

不要同大自然争执，毫无疑问，这标志着我们所居住的是一个还很年轻、很野蛮的世界；在星系中，是一个试验和尝试的世界，是伟大启蒙的一个基础阶段。这个星球还是个童年星球。而你，不过是个孩子。你也要从这初等学校解放出来，要长出美丽而强劲的翅膀。你付出了汗水，在自由中升了一级，这也是理所应当的。

咱们做个试验。问一问还未孵化出来的鸟儿，它愿意成为什么，咱们给它选择。你愿意成为人，为我们造出的这个星球王国分享艺术和劳作吗？

它肯定要回答说“不”。不必计算我们购买这个王国，要付出多么巨大的努力、苦难、汗水和忧思，要过什么样的奴隶生活，它要说的只有一句话：

“我生来就是空间和光明的国王，为什么要放弃权位呢？而人最高的雄心，最大的幸福和自由的愿望，不就是梦想变成鸟儿，长出翅膀吗？”

人在最美好的年龄，在最初的更为丰富的生活中，往往耽于青春的梦想，才有好运气忘记自己是人，是受地球引力的奴隶。于是，人飞起来，在空中盘旋，俯瞰整个世界，在阳光中游泳，体会到万物一览无余的无穷乐趣。而昨天，人还只能一件一件看到事物。从局部看是个谜，幽微难解，可是一旦统观整体，就豁然开朗啦！俯瞰世界，拥抱并热爱这个世界！这是多么神圣而高尚的梦想……不要把我唤醒，我求求您，永远也不要把我唤醒……咦，怎么回事儿！已经天亮了，这么喧闹，又开始干活了；沉重的铁锤声、刺耳的钟声、铜钟的音响，凡此种种，把我从高高宝座拉下来，猛推下去；我的翅膀融化了，沉重的大地，我重又跌到地上：我憋着气，弯着腰，重又扶犁耕地。

20 世纪末，人产生了大胆的念头，不用舵也不用桨，不用掌握方向的工具，就能乘风飞上天空。当时宣布人研究了大自然，战胜了地球引力，终于长出了翅膀，然而，可悲的事件残酷地驳斥了这种雄心壮志。有人研究翅膀，力图模仿，草率地仿效根本不能模仿的力学。

我们恐惧地看到，一个要成为鸟儿的可怜人，装备了巨大的翅膀，从百尺高的柱子上冲下来，手脚乱动，结果摔得粉碎。

可悲而致命的机器，虽然复杂而有力，却远远比不上鸟儿的出色臂膀（远胜过人的臂膀），远远比不上在剧烈运动中相互协调的这种肌肉系统。人的翅膀张开而笨拙，尤其缺乏联结臂膀和胸脯的强有力肌肉，不能像隼那样，猛鼓翅膀，便疾飞犹如闪电。在这方面，工具基本取决于动力，桨基本取决于桨手，而两者正因为完美地结成一体，雨燕、军舰鸟才每小时能飞行八十古里[1]，比我们最快的火车要快上五六倍，超过了飓风，也只有闪电可以相媲美。

[1] 法国每古里合 4 千米。

而我们那些可怜的模仿者，果真模仿了翅膀吗？恐怕根本不是那么回事：仅仅照搬形状，而不管内在结构，以为鸟儿在飞行中只有上升的力量，却不知道由大自然藏在它羽毛和骨骼中辅助的秘密。神秘，奇迹，就是由大自然赋予的这种特性；鸟可以调整气囊，根据容纳空气的多少，身体就能变轻变重。若想变轻，就让体积膨胀，体重因而就相对减轻了；鸟儿身体一旦不如周围的物质重了，就自然上升了。若想下降或者跌落，就排除使身体膨胀的空气，体积重新缩小，变窄，因而变重了，按照意愿加重。正是这一点出了差错，造成人致命的无知。人只懂得鸟儿是一只船，却不知道它也是个气球。人仅仅仿造翅膀，但是，如不配以这种内在的力量，模仿再像的翅膀，也无非是送命的可靠手段。

然而，吸入或排除空气，在随意变化的压载下游弋，这种特性，这种快捷的机制，又取决于什么呢？取决于一种独一无二的、闻所未闻的强大呼吸。人同时吸进那么多空气，首先就可能窒息。鸟的肺既强大又有弹性，带有空气的印记，能加力充满空气，陶醉其中，将空气大量倾注到骨骼和气胞中。呼吸，一秒秒加速，疾如迅雷。血液，不断由新鲜空气赋予活力，就有用不完的力量输送给每块肌肉：这种强力惟独鸟类具备，任何别的动物都没有。

安泰俄斯[1]接触母亲大地，能吸取力量，这一笨重的形象，多么微

---

[1] 安泰俄斯：希腊神话中的巨人，海神和地神的儿子。他在格斗时，只要脚不离地，就能吸取力量。

弱地、粗略地反映了这种现实的思想。鸟儿无需寻找空气，以便接触和更新；空气去寻找鸟儿，大量涌入它体内，不断地重新点燃它生命的火热的中心。

显示奇迹的是这一点，而不是翅膀。假如你们有大兀鹰的翅膀，随大兀鹰冲下安第斯山脉顶峰及其冰川，一分钟就穿越地球的各种气温、各种气候，吸进的空气量大得惊人，有灼热的，冰凉的，不管什么，飞落到秘鲁的灼人的海岸！……你们到达时就会毙命。

在这方面，最小的鸟儿也会令最强大的四足动物羞愧。将一头锁住的狮子放在气球上（如图斯奈勒所讲），它那低沉的吼声就会消失在空间。而小小的云雀则不然，声音和呼吸都强而有力，它拖着歌声飞向云天，失去踪影还能听见。云雀的歌既快活又轻盈，毫不费力，仿佛一个无形的精灵要用欢乐安慰大地。

力量就是快乐。最快乐的动物是鸟儿，因为鸟儿感到在行动中游刃有余，由天空的气息托举浮载着畅游，就像做梦似的，毫不费力地飞升。无限的力量、无与伦比的能力，在下方的动物身上无所表现，在鸟儿身上却极为鲜明：可以随意在母亲的家园里吸取力量，畅快地吸入生机，这真同神仙一样快活！

每个生灵不是因为骄傲，也不是大逆不道，都有一种极其自然的倾向，愿意像伟大的母亲，要变成她的模样，分享永恒的爱神用以遮护世界的不疲倦的翅膀。

人类的传统就固定在这上面。人不愿意做人，而要做天使，做长有翅膀的神。波斯的那些长翅膀的精灵造出犹地亚[1]的天使。希腊给自己的普绪喀[2]，给灵魂安上翅膀，并找到灵魂的真正名字：憧憬。灵魂保留了翅膀，一拍打翅膀就进入黑暗的中世纪，憧憬也越来越多。从人的天性最深处，从热衷的预言逃逸出来的这种愿望，越来越明确而强烈了，人说："啊！我若是鸟儿该有多好啊！"

女人毫无疑问，确信孩子能变成天使。

女人在梦中看见孩子就是天使的模样。

梦境或现实！……长翅膀的梦想、夜的狂喜，这些果真存在过的话，早晨我们会哭得多么伤心！如果真有其事该有多好！如果失去便引起我们伤心的东西，我们一点也没有丧失该有多好！如果我们汇聚在一起，投入永世的飞行，从一个星球到另一个星球，沿着一条美好的朝香之路，穿越无边无际的善……那该有多好啊！

人们有时相信这一点。有情况向我们表明，这些梦想不是梦想，而是真实世界的瞬间，是透过人间浓雾所隐约看见的光亮，是确能实现的希望；反之，所谓的真实，倒可能是一场噩梦。

---

[1] 犹地亚：在古罗马时期，巴勒斯坦的南方省。

[2] 普绪喀：希腊神话中的人类灵魂的化身，以少女形象出现。

怎样注视自然

很难相信，这是一篇历史学家的作品。但这确确实实就是一篇观察自然、思考自然的随笔。

儒尔·米什莱，1798年生于法国巴黎。年轻时代便在法国著名高等师范学府教授历史与哲学。主要的历史学著作有《罗马史》《法国史》和七卷本的《法国革命史》。令人惊奇的是，他还写有一系列自然科学著作；本期所选出自他的一本专著《鸟》（花城出版社出版中文译名为《话说飞鸟》）。

那么一个卓有建树的历史学家为什么要来写一部这样的作品，把目光从政治投向自然呢？米什莱在本书的序言中作出了回答："在橘树园绿荫的幽静中，我呼唤林中的鸟儿。我第一次感到，人一旦没有了周围庞大的动物界，生活就变得严峻了，因为大量无害动物的活动、声音和嬉戏，就好比大自然的笑容。"

于是，史学家对着美丽的大自然睁开了双眼，最先看到的自然是飞鸟。于是，他开始仔细地观察，在观察的基础上思考。并在动笔开始记录观察与思考时，给自己定下了一些规矩：

"本书尽量做到以鸟论鸟，避免类比人。除了两章之外，全书写法就好像世上只有鸟，从来没有人。"

"人！我们在别处遇见的机会已经够多了。这里则相反，我们需要一个避开人世的借口，古代的孤寂与荒漠。"

然后，作家惊奇地发现："人没有鸟无法生存。"我想，他是说至少是像他那样的人，发现世界上没有鸟是不可思议的。“但是，鸟没有人却能生存。”所以，他在历史研究之余，把眼光转向了大自然。对于一个历史学家来说，历史上的很多东西，都是非常残酷的，而法国南方的地中海岸，自然却呈现出和谐美妙的景象。于是，他便乐而忘返了。这种情况，在中国历史上也一次次地发生过。很多学人被宫廷放逐，如柳宗元、苏轼、范仲淹，等等。他们处于江湖之上便寄情于山水，写出了很多传诵千古的名篇，比如《永州八记》《赤壁赋》和《岳阳楼记》。但他们共同的特点还是借景抒忧愤之情，其兴趣还是在人文政治，而不是真正想要认知自然。也就是说，自然本身的特性并未进入他们的视野。在这里，我并没有半点鄙薄这些大家的意思，而是指出在我们的传统文化中一直存在一个科学的缺项。画家达·芬奇有过许多科学实践，比如痴迷于人体解剖，也有过许多的科学设想，这些设想都清清楚楚地留在了他的素描本上。同样，米什莱作为一个历史学家，当他注视自然时，却全然换了一种科学的眼光。看到这些并不孤立的例子，我们可以知道，工业革命为什么会首先在欧洲发生，而信息时代的曙光为何最先照亮了北美洲的大地。

可以说，中国知识分子注视自然的时候，也是反观内心，在自省，在借物寓意：而在“米什莱”们那里，注视自然，便是真正认识自然，阅读自然，并让自然来教育自己。

当国人开始意识到科学的重要，科学传播的重要时，很多的科普文章却又全然变成了一种纯技术的枯燥说明，从中，我们看不到作者的思想光芒，看不到任何审美上的价值。那么，我们就从“拿来”开始吧。让米什莱们告诉我们，科学的眼光与文学的眼光在很多时候，是可以交叉重叠的。且这种交叉与重叠，为文学注入了科学的因素，使我们得到一种全新的审美经验。

而且，最重要的是，看这种文章，会最终使我们获得一种科学与人文相互交织的特别眼光。这种眼光，使我们在新世纪中看待和进入世界时，将更加敏锐，而且更加全面。

计时器简史

[美] 罗伯特·列文

人类第一个最伟大的发现就是时间，这道人类历史的风景线。只有当我们能够标记出星期、月份、年份，标出每分每秒，每日每时，人类才得以从自然界单调的往复循环中解放出来。影子的流动，尘沙的流动，水的流动，以及时间本身的流动，都被转换成了时间的乐章，成为人类在这个星球上活动的忠实记载……时间的大家庭将带来知识的大家庭，使我们可以共享人类的发现，共同探索未知的世界。

——丹尼尔·布尔斯丁《发现者们》

古代的天文学家能够划分出年份来，在某种程度上也能划分出月份来。但是将小时的测量也统一起来却是现代的发明，而分钟与秒的确定则是更近的事情了。

人类最伟大的发明之一是日晷或叫日影钟。早在5500年前，人们就注意到，当太阳很低的时候，竖一跟杆子，这时杆子的影子特别长。这种装置的最初始形态仅是一根叫“诺墨”（希腊语，意为知道）的小棒。小棒插在土里，反映阳光的影子。后来更高级些的办法，像在英国石柱群所得的发现，使人们可以按照有一定意义的单位记录时间了。于是人类在历史上第一次不仅可以标记时间，而且可以安排约会了，例如，“当阳光照在第二块石头上有一掌宽的时候。”最后，人们发明了众多可以精确测量白天各个时段的装置。在埃及，人们发明了一种日晷，在一根大约一英尺长，画有时间刻度的横棒的一端，竖起一个小小的“T”字形的东西。这个小T字形沿着横棒投射光影，于是精确地反映出时间来。早晨，立着“T”字形的横棒的一端朝着太阳，到了中午就掉过头来朝着日落的方向。萨特莫斯三世（约公元前一千五百年）时代的这样一种工具至今还在使用。

但是，这个被希腊人叫做“捕影者”的日晷，至多不过是一个不精确的东西。一旦太阳躲到云层里或是黑夜降临，便没了办法。有一个日晷上刻了这样的话：“没有太阳，没有用。”在当时度量还不精确的情况下，时钟只能反映出光线最好的时候的时间，而且即使这样的时间也只是粗略的估计。因此，要想为晚上的活动定出具体的“小时”就不可能了。

在这以后的计时器，就力求不管白天黑夜，晴天雨天，都能表示时间。这一类革命性的创造中，水钟第一个出现。在第一批日晷问世的五个世纪后，发明家开始尝试根据从瓦罐里滴出的水量来计算时间。水钟的形状丰富多样，但它们的共同之处在于，都是以水滴过一个小洞的量来计算时间。例如埃及的一个水钟，就是一个石膏做的壶，里面刻上刻度，壶底有一个小洞。当水通过小洞滴出来时，就可以根据壶壁刻度上的水平线判断时间了。

不少水钟制作得十分精致。丹尼尔·布尔斯丁记载了位于大马士革大清真寺的东门口的一座巨型水钟：

不论白天黑夜，每过一个时辰，两个铜鹰的嘴里就会吐出两个铜球，刚好落进两个铜杯里。铜杯里是串通的，铜球可以从这儿回到原来位置。铜鹰的上方是一排开着的门扇，每扇门代表白天的一个小时，门上装一盏没有点亮的油灯。每到一个时辰，铜球落下时会敲到一个小铃，此时代表这个小时的那扇门就会关上。到了晚上，所有门都自动打开。当铜球落下宣告夜晚的一个“钟头”来到时，该扇门上的油灯就会点亮，放射出红色的光芒。这样，到了黎明，所有的灯就都点亮了。

这个水钟需要有十一个人不停地伺候。

水钟的演变过程，说来话长，却也独特。早自古埃及时代，直到1700年左右钟摆的发明，水钟就一直是没有太阳时的最精确的计时工具。实际上，自有记载的历史以来，大多数的时候人们白天使用日晷，夜晚使用水钟。古代罗马人用日晷画出刻度来，作水钟用。罗马人十分看重时间。时间就是金钱。罗马的律师们经常请求法官再给他们一个水钟的时间，以陈述当事人的案情。罗马语中“再给些水”这个短语，意思就是再给律师一些时间，而“失去水”的意思就是浪费时间。一个国会议员如果发言时间过长，他的同事们就会齐声喊叫要把他的水拿走。

然而，即使是最简单的水钟，也有不少缺陷。一个问题是由于水在冬季会改变密度，就会导致时间计量的误差；另一个问题是如何不让滴水阻塞或是因磨损而变大。罗马人为此在他们最贵重的水钟上安装了宝石。这为后来的钟表师使用宝石开了先河。

按照水钟的工作原理，后来又陆续发明了许多计时装置，流动的，易损的，不易损的。使用最广的有燃油蜡和蜡烛，当然还有沙漏。中国发明了一种香钟。将几个大小相同的木盒子连接在一起，每个盒子里都插一支香，每支香的香味有别于其他盒子的。香的长度是固定的，这样，根据对香味的辨别，就可以知道时间。

大约 14 世纪，在欧洲出现了最早的机械式时钟。这些靠重力驱动的时钟，既不能指示较小的时间单位，也没法对它们进行测量。总体而言，它们并不比水钟精确。第一批这样的时钟本是为了满足一个很具体的需要，即，提醒僧侣们祷告的时间。在这以前，僧侣们主要靠沙漏掌握时间。但是沙漏需要经常地倒过来放过去，很不方便。事实上，一些修道院还得专门安排僧侣值班守夜，负责照看沙漏。最早的时钟只是为了在特定的祷告时间送出钟声。当时这样的钟大多立在社区的中心，很多钟面上根本就没有时间标志，连指针都没有。那时设计的钟不是为了让人看到时间，而是为了让人听到时间。中世纪的英语“时钟（clok）”是从中世纪的荷兰语和德语“钟（bell）”来的。要不是因为先有了发声的钟，就不会有人考虑设计机械式钟表了。这以后又过了几个世纪，钟面上才安装了指针，开始的时候只装了时针。

早期用重力驱动的时钟（暂不去管那些水钟和香钟）所定义的时间的准确性，放到今天的工业化社会里将寸步难行。今天，美元的价值是以小时、分钟、秒，甚至几分之一秒来计算的。（我最近收到一份账单，上面记着我租用当地计算机所花的时间，是 1.6832 秒。）由于当时惟一的计时器连分针也没有，显然也就谈不上我们今天所说的时间准确性了，一直到有了精确指示更小时间单位的钟表以后，“准时”的概念，以及为“迟到 5 分钟”要表示歉意的概念才有了意义。在这之前，你要是让一个朋友“在 5 点 45 分来见我”，就跟邀请一个没有日历的人 10 月 27 日到你家做客一样荒谬。

在 16 世纪的后期，伽利略发现了钟摆原理，这给计时器硬件方面的发展带来了最伟大的突破。伽利略发现，在钟摆摆动的幅度和周期之间有特定的关系。又过了几十年之后，约在 1700 年，荷兰数学家克里斯蒂安·惠金斯发明了第一只钟摆。这批初期的钟摆里面，最好的在一天里时间误差不超过 10 秒。人类早在几千年以前就在记载季节、星期，甚至日夜的时数方面取得了伟大的成就，可是直到这个时候，只是到了最近这三百年，才由钟摆提供了准确记载生活里小时的可能。而分钟和秒的准确记载还谈不上。

只是在有了第一批机械时钟，能够对小时加以记载以后，英语里才出现了“速度（speed）”一词（最初拼写为 sped）。“准时（punctual）”这个词，则一直到 17 世纪的后期才用来描写按约定准时到达的行为，原先这个词的意思是指穷究细节，刨根问底。这以后又过了一个世纪，“准时”一词才完全具有了今天的全部含义。

计时器的使用，不仅是发展了愈益精确的概念，而且也深刻影响了我们每个人的生活节奏。海尔穆特·卡勒和他的同事穆赫·布鲁纳共同撰写的著作《手表，一个世纪的探索》中，就手表这一话题作了迄今为止最全面的讨论。书中展示了手表是怎样向我们一步步走来的。计时器的发展，从中世纪公共场所的大钟开始，到家里放的时钟，到可以携带的怀表，直到今日可随意佩戴的手表。“除去心律指示器不计，手表是这一发展的最高阶段，起码目前是如此。它已经亲如我们的肌肤，不分昼夜，随时看得着。”不过很多人对这一发展持消极态度，他们可能同意西蒙·雷德奇本世纪初（20世纪初——编者注）对手表的称呼：“我们时代的手铐。”

最初的手表在1850年左右，表面的设计与我们今天的相似。不过有很长一段时间，人们认为这样的表面设计并不成功，只能流行一时。卡勒在他的书中讲述了一位德国教授在1917年说的话：“把钟表戴在身体活动量最大的部位，置于最受温度变化影响的环境下，这是最蠢的一种时髦，很快就会消失。”不一定。据1986年的估计，全世界一年生产的手表就达三亿只。

在过去的两个世纪里，计时器的改进极为迅速。我们今天的世界，计算机是以10亿分之一秒为单位计算时间的。科罗拉多州伯尔德的美国国家技术标准协会最近公布了一台电子表NIST-7，在一百万年的时间里，其误差不会超过1秒钟。人们认为这种表的机械性能超过了它的上一代电子表NIST-6，因为NIST-6表只能保证30万年的准确性。（除了物理学家，谁对这样的精确程度感兴趣呢？一家全国性的大报回答了这个问题，它报道说：“洛杉矶市用NIST-7表跟踪交通灯，取代了格栅时钟。”）

正如物理学家斯蒂芬·霍金说，今天我们对时间的测量可以比对距离的测量更精确。因此，要想精确测量距离，就要使用时间单位了。一米可以定义为光在0.000000003335640952秒所走的距离。另外，还有一种更新、更方便的距离单位，叫做“光秒”。光秒指每一秒钟光所走的距离。这个单位既可用来定义时间，也可用来定义空间。

今天的消费者花不到一件T恤衫的钱就可以买一只精确到几百分之一秒的表了。结果，在公共场所，每到一个小时开始时，就会响起一片和谐美妙的嘀嘀的报时声。具有讽刺意味的是，我们将精确报时的办法给了大众，反倒突出了不精确。我已经多次发现，尽管这些表的走时都精确到了百分之一秒，报时的声音却总是接二连三在不同的时间响起来。当我在课堂里开始讲课时，课堂的各个角落总会发出手表报时的嘀嘀声，通常持续几分钟。然后，又过了好几分钟，总会有人与众不同地再嘀一声，刚好打断我的一句话。

但是对那些毕生致力于精确时间的人来说，今日的准确堪称了不起。有一次我把电子表报时不同步的现象说给一位电台主持人，他却讲述了一个和我完全不同的故事。那是在全国播音员协会大会上，到会的每一个人都戴了手表，而所有手表都在一个小时开始的那一瞬间同时响起来。这位主持人回忆说，回荡在会场的共鸣声听来颇有些“诡异”。他们这个职业的几秒钟就代表着成百上千的美元，对时间精确的要求几近完美。

生命的流逝

我们不能说中国人对时间缺乏敏感，孔子就站在流水滔滔的大河发出“逝者如斯”的感叹。这就是说，流逝的时间会使我们对自己的生命的流失产生深深的失落感。

因此，我们不能说中国人没有努力把握过时间，比如房屋深处的沙漏，比如夜深人静时敲着梆子报时辰的守夜人。但好像这些美好总是属于我们不曾有过的生活，因此听起来就像“外国、古代”一样。而到了近代，我们开始失去了时间感，到了中国近代，关于计时器的故事便有些幽默，并在幽默之后有些辛酸了。

那是清朝王权最为强盛的时候，来自欧洲的传教士来到我国，贡献最多，种类最多，最显出西方制造工艺先进与精巧的便是各种各样的时钟。时钟成为皇家一宗特别的收藏。据说，当一位叫马戛尔尼的英国使节把自鸣钟当成新奇礼物向清朝皇帝献上时，皇帝让他看到了更多的自鸣钟。对于皇帝来说，用这种方式镇一镇趾高气扬的“红毛番国”英吉利的来使是非常解气的。但我看到这段史实，却想到了更多的问题。

时钟制造出来之后，人类的时间观念从模糊变得精确，精确的时间为我们的生活创造出了新的节奏；精确的时间使我们能在工作与休息，学习与娱乐之间建立起秩序；能把分散的人类劳作统辖起来建立起相当的协调性。而所有这些，都是现代社会生活一种必然的需要。越到现代，人类的时间观念越是需要增强，偏偏在这个时候，中国人在封建帝国的美梦中沉沉地睡去了。在人类所有的活动中，睡眠最为漠视时间。于是，世界在为了加紧前进步伐尽量以科学的方法把握时间、刻画时间的时候，中国人却在这个进程中把时间给晾在一边。

我们推荐大家来读这篇文章，无非是想说，时钟的创造与完善，绝非是这种用具的进化本身那么简单。因为任何一项创造都有一项需求与动力的背后在里面。这种需求是前进才能产生的需求，这种动力就是害怕荒废生命的紧迫感。

直到今天，对于时钟精确度的追求还在继续着，而对我们这些年轻读者来说，最最宝贵的就是青春，而青春也就是生命中那段最美丽的时间，这段时间的美丽是因为，它差不多为你奠定了一生的基础，为你奠定了生命的永远。

让我们来读《计时器简史》，让我们用生命来感受时间，把握时间！

火星上的“人脸”

[美]卡尔·萨根　李大光 译

如果仔细观察一下我们目前所掌握的金星表面的图像资料，有时我们会看到一些很奇特的地形，比如，美国地理学家在分析苏联轨道雷达拍摄的图片时，发现了约瑟夫·斯大林模糊的肖像。我猜想，没有任何人会坚持认为这是未重新形成组织的斯大林分子伪造的磁带，或者苏联在金星表面曾经策划了前所未有的行动，而至今其整个计划仍未得到揭示，在那个地方所有的着陆航天器在一到两个小时之内都被烧焦。这些古怪的东西，无论它们是什么，都是地质变化形成的结果。在乌拉尼亚卫星天王卫一上的看起来像卡通人物巴格斯·巴尼的肖像同样是地质变化的结果。哈勃天文望远镜和近红外线仪器观测到的泰坦星的图像使我们知道，是星云大略地勾画出一个巨大的笑脸。每一个研究行星的科学家都能说出自己喜欢的形象。

银河系天文学中也充满了想象出来的类似的东西。例如马头星云、爱斯基摩星云、夜枭星云、小丑星云、大蜘蛛星云和北美星云，所有的不规则的气体星云和暗云，都被明亮的恒星照亮，它们的某一部分比我们的太阳系还要大。当天文学家绘制几百亿光年外星系的分布时，他们发现自己正在勾画一个很粗鲁的人的形象，由此他们将其称作“拄拐人”。整个图形就像数量巨大的紧密相连的泡沫，各个星系在这些紧密相连的泡沫表面上组成，而在内部没有星系。这使得天文学家们将其勾画成两边对称的像一个“拄拐人”图形。

火星比金星要温和得多，尽管海盗探测器没能提供有生命存在的有力证据。它的地形构成非常复杂、变化多样。大约 10 万张近距离拍摄的照片展示，关于火星上有一些不寻常的东西的说法并不令人感到惊奇。比如，在面积达 8 平方千米的火星冲击坑中有一张快乐的“笑脸”，外面有一系列呈放射状的泼洒痕，使其看起来很像是传统的绘画手法所描绘的微笑的太阳，但是却没有人可能为了引起人们的注意而将其说成是一种先进的火星文明所创造的东西。我们认识到，太空中坠落的大小不一的物质，在每一次冲击后所形成的表面的反弹和回落，使得表面的形状发生变化。由于远古时代的水和泥石流以及近代风沙对表面的蚀刻，必定会形成多种多样的地形地貌。如果我们仔细观察这 10 万多张照片，偶尔发现像人脸的图形并不令人感到奇怪。根据我们从婴儿时期发展起来的大脑功能，如果我们不能在这儿或那儿发现一个像是人脸的东西反倒令人奇怪了。

火星上一些小山酷似金字塔。在极乐世界[1]高原有许多这样的山丘，最大的底部直径达几千米宽，向同一个方向排列。在沙漠中耸立的这些

[1] 极乐世界（Elysium）：希腊神话中的福地，受诸神所宠爱的英雄们的天国。濒临欧欣诺斯河。后来的传说中将它说成是善人灵魂归宿的冥国的一部分。

金字塔令人感到有些恐怖，使人联想起埃及的吉萨[1]高地。我倒非常希望能够更详细地对它们进行研究。然而，由此而推断在火星上也有法老是否有道理呢？

同样的小型的类似金字塔的东西也有，特别是在南极洲。有些高度仅达你的膝盖。如果我们对其形成原因一无所知，那么，我们是否也可以下结论认为它们是生活在南极洲荒原上的埃及人式的小人儿们建造的呢（这种假设虽然与观察有相符之处，但是我们还非常了解极地环境和人类生理学的反对意见）？事实上它们是风蚀作用形成的。松散的细沙被强烈的风刮向一个方向，许多年后，将原来并不规则的小丘逐渐地蚀刻成非常对称的金字塔。它们被称为dreikanters，源自德语，意思是三面。这是自然过程造成的从混沌中产生的有序。这是我们在整个宇宙中（比如，在螺旋状的星系转动中）多次见到的现象。每次出现这种现象时，我们总要不由自主地下结论说它们是某个造物主的直接发明。

有证据表明，火星上的风比地球上的猛烈得多，最大风速可达音速的一半。席卷整个星球的、携带着大量沙尘的沙暴经常发生。持续不断的夹杂着沙粒的风暴速度比地球上最猛烈的风暴的速度要快得多，在漫长的地质时间里，使岩石和地貌发生了重大的变化。风神施威将一些东西，甚至

---

[1] 吉萨（Giza，EL）：埃及北部城市。位于尼罗河畔，与开罗隔河相望。生产棉纺制品、香烟和各种鞋类；设有开罗大学：附近有世界七大奇迹之一的著名的胡夫金字塔和斯芬克斯狮身人面像。

是非常大的东西雕刻成我们所看到的金字塔的形状，这并无多少稀奇之处。

在火星上有个地方叫做基多尼亚，那儿有一张直径达 1 千米的巨大的石脸无神地呆望着天空。这是一张不太友好的脸，但是似乎是很容易辨认出的人类的脸。在表现手法上，很像普拉克西特利斯[1]的作品。这个巨大的石脸藏卧在许多低矮的被蚀刻成奇形怪状的低丘中，这些沙丘可能是古代泥石流和长年风蚀的作用形成的。根据撞击坑的数量判断，整个地区看起来至少已有几百万年的历史了。

这个"脸"时时吸引美国和苏联人的注意。1984 年 12 月 20 日的一份叫做《每周世界新闻周刊》的以诚实报道而出名的市场小报在头条位置写道：

苏联科学家的惊人结论：

火星上发现庙宇遗址

太空研究发现具有 5 万年历史的文明遗产

据称消息来自不愿透露名称的苏联机构，并绘声绘色地描述了事实上根本不存在的苏联空间探测器的发现。

但是这个"脸"的整个报道几乎全部是美国人炮制的。1976 年"海盗"轨道飞行器发现了它。由于光线和阴影所造成的幻觉，一个研究计划人员

---

[1] 普拉克西特利斯（Praxteles– 前 4 世纪中叶）：雅典雕刻家。希腊最有创造性的艺术家之一。以其大理石雕像闻名。其作品将神话人物纳入平凡的日常生活而加以抒情描写，风格柔和细腻，确立了当时希腊雕塑的特征。其著名作品现仅存大理石雕像《赫尔墨斯》（1877 年发现于奥林匹亚）。

不幸地忽略了这个物体，此事后来引发了一场对国家航空航天局隐藏了它对一个巨大文明的发现的指责。一些工程师、计算机专家以及其他人——其中一些是国家航空航天局的雇员——在业余时间用数字技术提高图像的清晰度，也许他们期待令人激动的发现。即使所要求的证据的标准很高，在科学上也是可实现的，甚至是会得到鼓励的。有些人为使图像更清晰，工作得非常仔细认真，他们真应该受到赞扬。另一些人的想象力则更加丰富，他们推断，不仅这张脸是真实的人类不朽的雕塑，而且还说他们发现其附近还有个有庙宇和要塞的城市[1]。一位作家用站不住脚的证据宣布说，那些古迹对于天文学来说具有指导意义——尽管不是现在，而是50万年前——从那个遥远的时代起，基多尼亚的奇迹就耸立在那里了。但是，那时建造这些奇迹之人怎么就是人类呢？50万年前我们的祖先正忙于掌握石器制造和钻木取火，他们没有宇宙飞船。

火星上的人脸被用来与“地球上的文明所建造的同样的人脸”相比较，因为“这些脸仰望着天空，因为他们在寻找上帝”。也有人说，这些脸是由于星际大战留在凸凹不平惨遭破坏的火星（包括月亮）表面上的幸

[1] 广泛流行的观点已经过时，我们可以追溯到100年前帕西瓦尔·洛威（Percival Lowell，1855–1916，美国天文学家。20世纪初用数学方法深入研究天王星的轨道。将天王星轨道的某些不规则性归之于海王星以外的一颗未知行星的作用，并计算出它的位置。在他去世14年后，人们成功地发现了冥王星。）的火星运河神话。在P. E. 克里特所列举的许多例子中，有一个是他在1936年出版的一本名为《穿越太空的火箭：星际旅行的黎明》的书中特别提到：“在火星上可能会发现正在毁灭的古代文明的遗址，这些遗址无声地证明了那个正在毁灭的世界曾经有过的光荣。”

存者所建造的。是什么造成了那些陨石坑呢？这张脸是早已灭绝的人类文明的遗迹吗？它们的建筑者来自于地球还是火星？这张脸是那些在火星上作短暂停留的星际旅游者们所雕刻的吗？它们留在那儿是等待我们去发现的吗？他们是否也曾到过地球并创造出生命？或者至少是创造了人类？他们到底是谁，是天上的神？这张脸引起了纷纷扬扬的猜测。

最近一段时间以来，有人提出的一些观点将火星上的“古迹”与地球上“麦田圈”联系到了一起。还有人说，在古老的火星机器中蕴藏着取之不尽、用之不竭的能源等待人们去提取。还有人说国家航空航天局掩盖了大量的事实，不让美国公众知道真相。这些宣称已经不仅仅是对复杂的火星地貌的不认真的猜测了。

1993 年 8 月，当“火星观察者号”航天飞机在火星着陆区着陆失败时，有些人指责国家航空航天局伪造事故，以便使自己能够认真地研究那张脸，而又不必将结果公之于众（如果事实确实如此，这个荒唐可笑而又显而易见的伪装确实水平很高：所有火星地貌学的专家对此都一无所知，我们这些在探测火星计划设计中做出辛苦努力的人却没有因为“火星观察者号”的失败而受到设计缺陷方面的指责）。我们甚至在喷气推进试验室门外安装了一些加固栓以防可能出现的能量浪费。

1993 年 9 月 14 日，街头小报《每周世界新闻》用第一版整版的篇幅发表了题目为《国家航空航天局的新照片证实火星上确有人类生存！》的报道，报上刊登了一张伪造的人脸的照片，这张照片据称是“火星观察者号”在火星轨道上拍摄的（事实上，这个宇宙飞船似乎在进入预定的轨道之前就失败了），一位实际上并不存在的“一流太空科学家”证实说在20万年前火星人曾在地球上生活过。这个消息被封锁，有人要求他说这样做是为了防止“世界恐慌”。

我们先不谈这样的消息泄露实际上根本就不可能引起什么“世界恐慌”。对于任何一个目睹了不祥的科学发现的人来说——1994年7月木星与“苏梅克－列维9”相撞的情景会涌入我们的脑海——他们很清楚地看出，科学家们总是非常活跃和控制不住自己的激动，他们在分享新数据中具有一种无法控制的冲动。除非事先有协议，或有事前和事后的各种因素需要考虑，否则科学家是不会严守军事机密的。我不接受科学具有事事保密的特性的观点。科学文化和科学精神就是（而且我们也有充足的理由认为）集体性、合作性以及相互交流性。

如果我们只是将自己局限在我们已知的范围内，无视小报炮制的在稀薄的空气外的前所未有的发现，我们的处境将会怎样？如果我们对那个“人脸”所知甚少，我们会产生恐惧。如果我们对其了解得多一些，其神秘的面纱就会昭然若揭。

火星表面大约有1.5亿平方千米，相当于地球的陆地面积。火星“司芬克斯”高地大约一平方千米。大约在1.5亿张邮票中有一张（比较而言）邮票大小的地方被看成是人造的东西，是否太令人感到奇怪（尤其是我们从童年时期开始就有观察人脸的嗜好）？当我们仔细观察周围的山丘、平顶山和其他复杂的地貌的时候，我们会承认，这些物体虽然与人脸的相像程度并不是惟妙惟肖，但是很相似。为什么会出现这种相似？古代火星工程师们为什么不断地加工这个小山（也可能还有其他一些小山），而不使用古代雕刻技术加工其他所有的物体呢？也许我们应该得出这样的结论，即，其他大山包也被雕刻成人脸的形状，只不过是更加奇特的人脸，与我们地球人的脸完全不同罢了。

如果更仔细地研究这些原始图片，我们会发现，一个设置在关键部位的“鼻孔”—— 一个使这张脸更富有表情的鼻孔——事实上是由于无线电信号从火星到地球的传播过程中丢失的数据而形成的黑点。这张“脸”的最好的一张图片显示，它的一半是由太阳照亮的，另一半则处于黑暗的阴影中。使用数字处理数据技术，我们可以极大地提高阴影部分的对比度。当我们这样处理后，我们发现了一个不像人脸的东西。最多可以说是半个脸。无论我们怎么感到呼吸憋闷、心跳加快，火星司芬克斯看起来仍然是一个自然形成的东西，而不是人造的，外观上看起来也不像人脸。这张“脸”可能是在几百万年缓慢的地质变化过程中形成的。

但也许是我错了。对于一个事实真相我们了解甚少的世界是很难下结论的。对于这些物体，应该用更大的决心进行更为贴切的研究。我们需要更清晰的关于“人脸”的照片，这样的照片将会解决亮暗对称的问题，同时有助于解决这个人脸到底是地质变化的结果，还是伟大不朽的雕刻品之间的争论。人脸上或附近的小撞击坑能解决其形成年代的问题。关于其附近的结构确实曾经是一座城市（我不同意这种看法）的观点，也需要通过更严格的考察才能搞清楚。那些东西是残破的街道吗？是城堡上的雉堞吗？还是庙塔、塔、有立柱的庙宇、伟大不朽的雕塑、巨大的壁画？抑或仅是岩石呢？

即使这些说法事实上完全不可能的——我个人也是这样认为的——但是它们也值得研究。与UFO现象不同，对于这些物体我们有可能进行决定性的试验。这种假说是完全站不住脚的，这些物体所具有的特性使其进入了科学研究的领域。我希望在不久的将来，美国和俄罗斯的火星探险计划，特别是装备有高清晰度电视摄像仪的轨道飞行器，将会在更详尽地研究金字塔和有些人所称之为人脸的物体中做出特别的贡献（在数以百计的各种科学问题中）。

一个火星人脸的热心人现在宣布：

本世纪（20世纪——编者注）重大科学发现新闻

惟恐引起宗教动乱和骚动

受到国家航空航天局查封

月球发现古代外星人遗迹

一座“相当于洛杉矶盆地面积的巨大城市，被巨大的玻璃圆顶所覆盖，几百万年前即被遗弃，被流星雨摧毁，这些流星高达5英里，有的是巨大的达1平方英里（1平方英里＝2.59平方千米，下同）的立方体”。这个在已经被认真研究过的月球上的发现被令人惊异地“得以确认”。你要证据吗？国家航空航天局的机器人和阿波罗登月计划中所拍摄的照片的重要性受到政府的掩盖，许多国家的不为“政府”工作的月球科学家们都没有对这些照片的重要性引起足够的重视。

在1992年8月18日出版的《每周世界新闻》报道了“一颗秘密的国家航空航天局发射的卫星”的一个发现，从位于星系M15的中心的黑洞中发出了“几千个，甚至可能上百万个声音”，这些声音齐声高唱“光荣，光荣，光荣属于上帝”，这些声音一遍又一遍，连绵不绝。而且这些歌声是用英语演唱的。甚至还有一个小报报道说（尽管还配有模糊不清的图片），在一次太空探测中，在猎户座星云中拍摄到了上帝，至少拍摄到他的眼睛和鼻梁。

在这些小报的大量读者群中，许多人并没有肤浅地相信这种报道。他们认为，这些小报如果本身不想这么做，怎么会印刷出这些故事来呢？在我与之交谈过的读者中，有些人坚持说，他们读这种报纸仅仅作为一种消遣，就像看电视中的“摔跤”节目一样。他们一点都不相信这些报道，出版社和读者都知道这些小报刊登的都是幽默故事，追究这些插科打诨的东西才是荒唐，它们才不按照证据法则承担那么多责任呢。但是我收到的信件表明，相当数量的美国人确实非常认真地看待这些小报上的报道。

20世纪90年代，小报发展很快，贪婪地吞没了媒体中的剩余领域。报纸、杂志或电视节目中的报道由于许多东西大众实际上已经知晓，因而处处谨慎小心，这些传媒的收视率和发行量受到那些报道标准不严肃的传媒的排挤。我们可以从新出现的观众已经确认的小报和电视中看出这一点，这样的情形正在导致新闻和信息节目标准的降低。

这种报纸能够得以生存和不断发展是因为看的人多。我认为，这些东西受欢迎的原因是，我们中的许多人渴望从单调乏味的生活中寻求一些刺激，希望能够重新唤起记忆中童年时代所具有的新奇感。对于少数报纸来说，它们能够并且确切无误地感受到，某些年老、聪明、有智慧的人正在四处寻找它们。很显然，对许多人来说仅有信仰还不够，他们渴望有确凿的证据和科学证实。他们渴望有科学的证明标志，但是，却不愿意忍受使科学的标志具有可信性的严格的证据标准。这是怎样的一种轻松感：怀疑被可靠地解除了！使我们困惑的令人厌恶的负担便被解除。对此，我们有充足的理由感到忧虑，如果我们仅相信自己，人类的未来将怎么样？

这是那些为证明某种东西的存在而无中生有编造证据的、不知羞耻的人所创造的现代奇迹。他们躲避怀疑论者的例行检验，以低廉的价格在这个国有的市场、杂货店和方便的小商店中出售。这些小报的伪造手法之一就是迫使科学，这个我们对任何怀疑的东西进行检验，确认我们古老的信仰的有效工具，与伪科学和伪宗教保持一致。

总的来说，科学家在探索新世界时思想是开放的。如果我们预知自己将会发现什么，我们就没有必要进行探索了。在未来火星探险和其他令人神往的地球附近的宇宙世界上进行探索时，我们完全有可能，可能是必然地，获得惊奇的发现，甚至我们曾经想象过的神秘的事物。但是我们人类有欺骗自己的才能，因此，怀疑精神必须成为我们探索者的各种探索工具中的组成部分。我们不必再创造任何东西，等待我们去发现的宇宙中的奇迹已经足够多了。

愿世界充满科学的阳光

这篇文章选自卡尔·萨根用科学方式批驳伪科学的巨著《魔鬼出没的世界》。作家说：“这本书是我的个人坦白，向你们讲解我对科学终生的爱情故事。”

卡尔·萨根是一个为科学奉献了终生的人物。他生前是美国康奈尔大学的天文学教授，在其作为天文学家的一生中，他重点研究金星温室效应、火星季节变化、地球生命起源、外星生命探索和核战争对环境的长期影响等重大课题，并取得了巨大成就。与此同时，他还在美国航空航天局“航海者”“海盗”“旅行者”和“伽利略”等太空探险计划中起了相当重要的作用。为航天事业的发展，为人类宇宙新边疆的拓展作出了自己的贡献。

同时，他还是一个杰出的科学教育家。作为一位具有世界性影响的科普与科幻作家，他一生共创作了30本科普与科幻著作，如果说这些著作有一个共同的特点，那就是把科学领域的重大发现传达给广大公众，使科学知识从书斋中，从实验室里，从一个又一个神秘的应用领域里解放出来，让公众理解，让公众掌握，从而激发起公众，特别是正在成长的年轻一代对科学的景仰与热爱。他的好几本科普著作，都曾十分畅销。比如他的《宇宙》一书，就曾在《纽约时报》的畅销书排行榜上连续70个星期雄踞榜首。

《魔鬼出没的世界》是卡尔·萨根一生中最后一部作品。1992年，他因骨髓癌去世。这个"惟一能够用简单扼要的语言说明科学是什么"的科学家在他年仅62岁的时候便离开了我们。但是，他留下了丰厚的精神遗产，这笔丰厚遗产的精华便是孜孜不倦的科学探索与坚定不移的科学精神。

在当下的中国，在伪科学还在公众中占有相当市场的时候，介绍卡尔·萨根这样的作品，应该是具有特别意义的。特别是在今天的现实生活中，伪科学总是假借科学的崇高名义，愚弄公众，制造卖点。在这样一种情况下，介绍以科学精神揭露伪科学的反科学本质的作品，更成为一种特别的需要。时代需要我们为公众提供真正的科学，需要公众通过科学的观点来观察这个世界，来探索这个所存在的广大无边的未知领域。

就以这篇节选的《火星上的人脸》为例，我们在一些传播颇为广泛的杂志和书籍中都看到过这张印刷模糊的火星上的人脸。应该说，这张看似人脸的轮廓在火星上是存在的，它显现在人类发射的科学探测器发回的照片上。但是，这样的材料到了不负责任的撰稿人手里，到了不负责任的出版商手里，便从一个以科学途径发现的现象，衍生出一些荒诞不经的伪科学的臆测，并得出耸人听闻的荒诞结论。卡尔·萨根在他的文字中，很轻易地便击破了那些关于火星人脸的不负责任的谎言，就在这样一段文字中，科学与伪科学两者之间的区别，也便泾渭分明了。其实，这样的耸人听闻，表面上以探索精神为号召，深藏背后的却是对利润的无原则追逐。我们不禁要问：为什么当利润与科学精神，当金钱与文化责任放上了天平时，失重的总是看似抽象的精神责任？我们不得不承认，中国是一个科学精神贫弱的国家。我们没有产生卡尔·萨根这种科学人物的条件与土壤，但是，如果我们连正确传播科学思想的途径都放弃，而任出版物中伪科学的东西大行其道的话，将无法面对一个国家、一个民族的未来。

我还想特别向读者指出：现在市面上打着科学的幌子、探索的幌子，行销着大量出于主观臆测、宣扬神秘主义、宣扬不可知论的读物，会把追求科学的读者引导到背离科学的道路。本书中的文章不但向读者推介了文学表达与科学表述两相结合相当完美的科学美文，同时也向大家推荐了一些值得深入研读，表达生动浅易，文笔生动优美的科学著作。

卡尔·萨根在这本书的题记上写了两句话，一句话是："此书送给我的孙子托尼奥。"我想，他是以科学的名义把科学的真理告诉给所有下一代，他的孙子只是未来一代人的一个最为亲近的代表。

他的第二句题词是："祝愿我们的世界摆脱恶魔的纠缠，充满阳光。"我想我们大家都愿意接受这最美好的祝愿。

你在这里

[美]卡尔·萨根　叶式辉 黄一勤 译

整个地球只不过是一个小点，而我们自己居住的地方仅是它的一个极小角落。

——罗马帝国皇帝奥里利厄斯（Marcus Aurelius）《自省录》卷4（约公元170年）

天文学家们一致宣称，围绕整个地球走一圈，在我们看来，似乎是无穷无尽的，但与浩瀚的宇宙相比，它不过像一个小点。

——马塞林纳斯（Ammianus Marcellinus）（约公元330～395年），《纪事史》中最后一位重要的罗马帝国历史学家

空间飞船已经远离家园，越过最外层行星的轨道，并高悬在黄道面上空（黄道面是一个假想的平面，我们可设想它有点像跑道，诸行星的轨道基本上都局限在这个平面内）。飞船正以每小时64000千米（40000英里）的速度飞离太阳。但是在1990年2月初，它接到了来自地球的一个紧急指令。

它恭顺地调转照相机，指向现在已经相距很远的行星，把它扫描的目标从天空的一处转向另一处。它拍摄了60张照片，并在磁带记录器上以数字的方式把它们储存起来，然后在3月、4月和5月，它缓慢地把数据用无线电波传回地球。每幅照片含有640000个单独的图像单元（像素），

它们就像报纸上有线传真照片或法国印象派点画家绘画中的小点子。空间飞船离地球59亿千米（37亿英里），远到每个像素以光速传播也要经过5.5小时才能为我们收到。这些图像本来可以早些发送回来，但是在美国加利福尼亚、西班牙和澳大利亚接收这些来自太阳系边缘的微弱信号的大型射电望远镜，正对在太空海洋中遨游的其他飞船（包括飞往金星的“麦哲伦号”以及在艰难的旅途上飞往木星的“伽利略号”）执行任务。

“旅行者1号”高悬在黄道面之上，这是因为它在1981年对土星的巨大卫星土卫六作了一次近距探测。它的姊妹飞船“旅行者2号”的轨道不一样，是在黄道面内，因此它能够完成对天王星与海王星的著名观测。两艘“旅行者”飞行器考察了4颗行星和将近60颗卫星，它们是人类工程技术的胜利，也是美国空间计划的一个荣誉。在当代许多别的事情被人遗忘的时候，它们仍将永垂史册。

两艘“旅行者”飞船只被保证工作到与土星交会为止。我想恰在土星之后，让它们最后一瞥家园是一个好主意。我知道，从土星处看地球太小，因而“旅行者”不能察觉任何细节。我们的地球只是一个光点，一个孤独的像素，很难与“旅行者”能够看见的许多别的光点（包括附近的行星和遥远的恒星）区分开来。但正是由于这显示出我们的世界毫不引人注目，这种照片才值得拍摄。

水手们煞费苦心地测绘大陆海岸线，地理学家用这些发现制作地图和地球仪。地球上小块区域的照片，最早是用气球和飞机拍摄的，后来是用作短暂弹道飞行的火箭，最后是用轨道太空飞船。飞船拍到的远景就像你的眼睛在离一个大地球仪 1 英寸（2.5 厘米）处看到的图像。几乎每个人都学过，大地是一个圆球，我们都由重力吸附在它上面。然而我们所在世界的真实情景，却直到“阿波罗”对整个地球拍摄了一幅装满镜框的著名照片后才真正看清。这张照片是“阿波罗 17 号”的宇航员在人类最近一次飞往月球拍摄的。

这张照片可以说是已经成为当代的一幅圣像。此照上面有南极，这是欧洲人与美洲人都乐意把它当作底部的地方。此外，整个非洲在照片上面展现出来：你可以看到最早的人类居住过的埃塞俄比亚、坦桑尼亚和肯尼亚。右上方是欧洲人称之为近东的沙特阿拉伯，在顶端是勉强可以看出的地中海，整个世界的文明有很大部分都在它的周围出现。你能够辨认出海洋的蓝色，撒哈拉和阿拉伯沙漠的黄红色，以及森林与草原的褐绿色。

然而，在这张照片上没有人类的迹象，看不出我们对地球表面的改造，也看不到我们的机器和我们自身。我们太微小，我们治理国家的本领太弱，以至于在位于地球与月球之间的空间飞船上看不出来。从这个有利位置看来，我们的民族主义情感在任何地方都不明显。整个地球的“阿波罗”照片告诉广大群众的是天文学家熟悉的事情：在行星的尺度上说（更不用谈恒星与星系了），人类是微不足道的，它只不过是在一块偏僻与孤独的岩石和金属混合体上面的一薄层生命。

我认为，如从更远出千万倍的地方拍摄另一张地球照片，对于进一步了解我们的真正环境和情况是有帮助的。古代的科学家和哲学家就已熟知，在浩瀚的、无所不包的宇宙中，地球只是一小点，可谁也没有看见过像这样的地球。这里谈的是我们的第一次（也许在今后几十年中也是最后一次）机会。

美国国家宇航局的许多从事“旅行者”计划的人都是支持我的。不过从太阳系外围看来，地球靠太阳很近，就像一只绕着火光飞的飞蛾。我们是否愿意冒飞船上的视像管被烧毁的危险，把摄像机紧对着太阳？还是等一等，如果飞船存在的时间够长，等到所有的从天王星和海王星拍起的科学照片都拍摄完毕，再拍这一张，这样是否会好一些呢？

于是我们等待，而这也是一件好事情——从 1981 年探测土星，到 1986 年探测天王星，再到 1989 年两艘飞船都已越过海王星、冥王星的轨道，时机终于来到。但是有一些仪器校准工作需要先完成，因此我们再等一段时间。虽然飞船都是在适当的地点，仪器也工作得好极了，并且没有其他的照片需要拍摄，但有几个设计人员还是提出反对意见。他们说，这不是科学。随后我们发现，国家宇航局雇用的设计并向“旅行者”发送无线电指令的技术人员，因该局经费紧缩而即将被解雇或调到别的工作岗位。如果要拍照片，必须马上就做。在最后一分钟——实际上正是在“旅行者 2 号”与海王星会合之际——当时的国家宇航局行政长官、海军少将特鲁利（Richard Truly）出面干预并决定要拍到这些照片。国家宇航局属下喷气推进实验室的空间科学家坎迪·汉森（Candy Hansen）和亚利桑那大学的波尔科（Carolyn Porco）设计了指令程序，并计算出照相机的曝光时间。

于是它们就在这里——在行星周围以及散布在遥远恒星背景上的一套正方框形镶嵌图上。我们不仅拍摄了地球，而且还拍摄了太阳的九个已知行星中其他的五个。最内层的水星淹没在太阳的光芒中，火星和冥王星太小、太暗，并且后者太远。天王星与海王星很暗，拍摄它们需要很长的曝光时间，因此它们的图像由于飞船运动而模糊不清。一艘外来的空间飞船，在经历漫长的星际航行后接近太阳系时，它所看到的行星图像就是这样。

甚至使用“旅行者”装载的高分辨率的望远镜，从这样远的地方看，行星也只是一些模糊或不模糊的光点。它们就像在地球表面用肉眼看到的行星，即一些比大多数恒星更亮的光点。经过几个月，地球和其他行星一样，看起来也在恒星之间移动。单纯靠观看这些光点中的一个，你完全不能说出它是什么，它上面有什么，它过去情况如何，以及目前那里有没有人居住。

由于太阳光在空间飞船上面反射，地球好像位于一束光线中，对这个小小的世界，这似乎有某种特殊的含义。但这仅是几何学和光学原因造成的事故。太阳在各个方向上均匀地发出辐射，如果拍照的时间早了一点或迟了一点，就不会有太阳光强烈照射在地球上。

还有，淡蓝色是怎么一回事？这种颜色一部分来自海洋，一部分来自天空。虽然玻璃杯里的水是透明的，它吸收的红光比蓝光稍多。如果你观察的是几十米或更深的水，红光被吸收掉了，反射到空中的主要是蓝光。同样地，对短距离视线来说，空气好像是完全透明的。然而，绘画大师达·芬奇(Leonardo da Vinci)说得有点道理，物体越远，它看起来越蓝。为什么？

因为空气向四周散射的蓝光远多于红光。地球光点的蓝色来自它的很厚的，但也是透明的大气层，以及它的由液态水组成的深海。那么，白色呢？在一般的日子里，地面大约有一半为白色的带水蒸气的云所覆盖。

我们能够解释这个小小世界的淡蓝色，这是因为我们很了解它。一个刚刚来到我们太阳系边沿的外星科学家，是否能够有把握推论出海洋和云层，以及稠密大气呢，那就不一定了。举例来说，海王星是蓝色的，但这主要是由于其他原因。从那个远方的有利地点看来，地球似乎没有任何令人感兴趣的特点。

但是对于我们，情况就不同了。再看看那个光点，它就在这里。这是家园，这是我们。你所爱的每一个人，你认识的每一个人，你听说过的每一个人，曾经有过的每一个人，都在它上面度过他们的一生。我们的欢乐与痛苦聚集在一起，数以千计的自以为是的宗教、意识形态和经济学说，每一个猎人与强盗，每一个英雄与懦夫，每一个文明的缔造者与毁灭者，每一个国王与农夫，每一对年轻情侣，每一个母亲和父亲，满怀希望的孩子、发明家和探险家，每一个德高望重的教师，每一个腐败的政客，每一个“超级明星”，每一个“最高领袖”，人类历史上的每一个圣人和罪犯，都在这里——一个悬浮于阳光中的尘埃小点上生活。

在浩瀚的宇宙剧场里，地球只是一个极小的舞台。想想所有那些帝王将相杀戮得血流成河，他们的辉煌与胜利，使他们成为光点上一个部分的转眼即逝的主宰；想想这个像素的一个角落的居民对某个别的角落几乎没有区别的居民所犯的无穷无尽的残暴罪行，他们的误解何其多也，他们多么急于互相残杀，他们的仇恨何其强烈。

我们的心情，我们虚构的妄自尊大，我们在宇宙拥有某种特权地位的错觉，都受到这个苍白光点的挑战。在庞大的包容一切的暗黑宇宙中，我们的行星是一个孤独的斑点。由于我们的低微地位和广阔无垠的空间，没有任何暗示，从别的什么地方会有救星来拯救我们脱离自己的处境。

地球是目前已知存在生命的惟一世界。至少在不远的将来，人类无法迁居到别的地方。访问是可以办到的，定居还不可能。不管你是否喜欢，就目前来说，地球还是我们生存的地方。

有人说过，天文学令人感到自卑并能培养个性。除掉我们小小世界的这个远方图像外，大概没有别的更好办法可以提示人类妄自尊大是何等愚蠢。对我来说它强调说明，我们有责任更友好地相互交往，并且要保护和珍惜这个淡蓝色的光点——这是我们迄今所知的惟一家园。

我们在哪里

对不起，这期又是一篇卡尔·萨根，因为这段时间我读他比第一次阅读时更入迷了。我相信自己是一个很好的鉴赏者，所以，有自信邀集大家一起来欣赏。欣赏什么呢？作为一个科学家，我们无非是欣赏他丰富的知识，他的探索精神，更重要的是，他超越学科的宽大胸怀，他那泛人类的，甚至超越人类视野的观察事理的宏观视角，更为我们提供将他视为一位伟大人物的充分理由。

当然，他在这夜深人静的时候，在旋转无尽的星空下，在贝多芬和莫扎特的弦乐四重奏的背景音乐声中，我知道自己如此着迷的原因不仅仅是因为以上那些理由。此时此刻，我受到的是一种前所未有的诗意的震撼。我想起了一些伟大诗人的名字。屈原、李白、但丁、惠特曼、桑德堡和聂鲁达。而就在这本名叫《暗淡蓝点》书的扉页上，就写着这样一段诗体的题记：

献给萨姆，

又一位漂泊者。

你们这一代人也许会看见，

做梦也想不到的奇景。

我不知道萨姆是谁，他的儿子？他的学生？还是一个陌生的前来造访过的年轻人？但确定无疑，这个萨姆，是来自于我们亲爱的读者一样年轻的群体，是这个有着更多未来的群体中的一员。所以，"你们这一代人也许会看见，做梦也想不到的奇景。"读到这样的句子，我的心有些隐隐作痛。这时，放下书本，一盏台灯光芒明亮地笼罩了我，从屋子里灯光暗淡的地方，音响里的贝多芬正在吟唱《春天》。钢琴与提琴此起彼伏地应和着，有种为了春天而欣悦并且心痛的感觉。合上书本，关上灯，城市朦胧暗色中安坐的我，便在音乐声中漂浮起来，成为了一个宇宙的漫游者。经过一些寒冷的黑暗，危险的黑暗。经过一个又一个美丽而又神秘的星球，美丽的地球家乡便越来越远。茫茫星海是如此浩瀚无边，于是，一个每个人都认为早已解决的问题便真的浮现在脑海里了。

我在哪里？提出这个问题的时候，我想每个人都有答案，但我相信，都不会太宏大，不会太宽广，如果没有读这篇文章之前，这个问题冷不丁出现在你面前，你的第一反应的回答，不外乎是我在教室，我在家，我在单位，我在网吧，我在酒吧，我在足球场，我在某个城市，我在某个风景区，我在某种运输工具里……而不是卡尔·萨根想引导我们得出的那个答案。当随着一架向着银河系中心飞去的摄影机中的地球这个光点越来越小，越来越暗淡，直至最后消失，并且假设你这就在这个漫游宇宙的飞行器上，你又会怎样来回答这个问题呢？也许，你不会说我不知道自己在哪里。但我还是愿意相信地球是重要的，因为它是至今为止人类和所有地球生命惟一的家园。于是想起了两位从太空中观察过我们这个蓝色星球的宇航员，美国人罗斯上校和生物化学博士香侬。他们到中国时，曾经到我们《科幻世界》编辑部做客，我问香侬女士，我们的办公室是不是像和平号空间站一样拥挤，因为她曾在这个即将陨落的太空站上工作过相当长的时间。她保持了美国式的礼貌，说："我看到了更多的纸张。"罗斯上校则把人类第一次从月球上拍摄的地球照片与从卫星上拍摄的中国北京的照片送给了我们。这些照片就悬挂在办公室墙上，而卡尔·萨根这篇文章里也写到了这张照片。让我们再重复一遍吧：

"几乎每个人都学到过，大地是一个圆球，我们都由重力吸附在它上面。

然而我们所在世界的真实情景，却直到阿波罗对整个地球拍摄了一幅装满镜框的照片后才真正看清。这张照片是阿波罗 17 号的宇航员在人类最近一次飞往月球时拍摄的。这张照片可说是已经成为当代的一幅圣像。”

面对这幅照片，再读一遍这篇文章，我们就会知道，宇宙创造一个地球，地球又进化出生命与人类，是一种多么珍重的偶然。所以，我们正在成长的青少年如果虚掷了生命，没有让珍贵的生命呈现应有的价值，开放出精妙的思想之花，纯正的情感之花，甚至是一种对宇宙这个创造之神的可耻背叛。

在这个让卡尔·萨根引领着坐在飞行于浩渺太空的夜晚，如果不是唱盘上的音乐终止，我会一直独坐到曙光照临窗前。是的，我在这里，我们在这里，在我们的生活中，在我们的世界上，在我们自己的生命里。宇宙这个创造之神把进入到生命进化顶端的机会给予了人。我们是人类的一员。人居于进化之塔顶尖的是因为思想与创造。而对于我们来说最重要的是，亲爱的读者，每个人都获得了具有思想与创造性遗传特征的大脑，用它来思考什么？来创造什么？千百年来，哲学家都为我们是谁、我们在哪里这样的问题所困扰，然后，科学一步步解开这个答案，这个答案告诉我们，生命的存在是如此奇妙的创造与偶然的集合。现在宇宙对人的创造已经完成，接下来的一切，都将靠人类自己来创造。

怎样探测地球年龄

李四光

天文学地球年龄的说法

1749 年，丹索（Dunthorne）依据比较古今日蚀时期的结果，倡言现今地球的旋转，较古代为慢。其后百余年，亚当斯（Adams）对于这件事又详加考究，并算出每 100 年地球的旋转迟 22 秒，但亚氏曾申明他所用的计算的根据，不是十分可靠。康德在他宇宙哲学论中曾说到潮汐的摩擦力能使地球永远减其旋转的速率，一直到汤姆孙（J. J. Thomsom）的时代，他又把这个问题提起来了。汤氏用种种方法证明地球的内部比钢还要硬。他又从热学上想，假定地球原来是一团热汁，自从冷却结壳以后，它的形状未曾变更。如若我们承认这个假定，那是由地球现在的形状，不难推测当初凝结之时它能保平衡的旋转速率。至若地球的扁度，可用种种方法测出，旋转速率减少之率，也可由历史或用旁的方法求出。假若减少之率通古今不变，那么，从它初结壳到今天的年龄，不难求出。据汤氏这样计算的结果，他说地球的年龄顶多不过 10 亿年。但他又说如若比 1 亿年还多，地球在赤道的凸度比现在凸度应该还要大，而两极应较现在的两

[1] 本文原为《地球的年龄》一书的第二部分《纯粹根据天文的学说求地球的年龄》。本书选用时删去了图表，并改作此题。

极还要平。汤氏这一回计算中所用的假定可算的不少。头一件，他说地球的中央比钢还硬些。我们从天体力学上着想，倒是与他的意见大致不差：但从地震方面得来的消息，不能与此一致。况且地球自结壳以后，其形状有无变更，其旋转究竟是怎样的变更，我们无法确定。汤氏所用的假定，既有些可疑的地方，他所得的结果，当然是可疑的。

乔治·达尔文（George Darwin）从地月系的运转与潮汐的关系上，演绎出一种极有趣的学说，大致如下所述：地球受了潮汐的影响，渐渐减少旋转能，是我们都知道的。按力学的原则，这个地月系全体的旋转能应该不变，今天地球的旋转能既减少，所以月球在它的轨道上旋转能应该增大，那就是由月球到地球的距离非增加不可。这样看来，愈到古代，月球离地球愈近。推其极端，应有一个时候，月球与地球几乎相接，那时的地球或者是一团粘性的液质，全体受潮汐的影响当然更大。据达氏的意见，地球原来是液质，当然受太阳的影响而生潮汐。有一时这团液质自己摆动的时期，恰与日潮的时期相同，于是因同摆的现象，摆幅大为增加，这个地月系全体的旋转能应的液质就凸出了很远，卒致脱离原来的那一团液质，成了它的卫星，这就是月球。当月球初脱离地球的时候，这个地月系的运转比现在快多了，那时1月与1日相等，而1日不过约与现在的3点钟相当。从日月分离以来，每月每日的时间都渐渐变长了。

近来辰柏林（T.C. Chamberlin）等，考究因潮汐的摩擦使地球旋转的问题，颇为精密。他们曾证明大约每50万年1天延长1分。这个数目与达氏所算出来的数目是相差太远了。达氏主张的潮汐与地月转运学说，虽不完全，他所标出来地球各期的年龄，虽不可靠，然而以他那样的处心积虑，用他那样数学的聪明才力，发挥成文，真是堂堂皇皇，在科学上永久有他的价值存在。

天文理论说地球年龄[1]

在讨论这个方法以前，我们应知道几个天文学上的名词。

地球顺着一定的方向，从西到东，每日自转一次，它这样旋转所依的轴，名曰地轴。地轴的两端，名曰南北极。今设想一平面，与地轴成直角，又经过地球的中心，这个平面与地面交切成圆形，名曰赤道；与“天球”交切所成的圆，名曰天球赤道。天球赤道与地球赤道既同在这一个平面上，所以那个平面统名曰赤道平面。地球一年绕日一周，它的轨道略成椭圆形。太阳在这椭圆的长轴上，但不在它的中央。长轴被太阳分为长短不等的两段，长段与地球的轨道的交点名曰远日点，短段与地球轨道的交点名曰近日点。太阳每年穿过赤道平面两次。由赤道平面以北到赤道平面以南，它非经过赤道平面不可，那个时候，名曰秋分。由赤道平面以南到赤道平面以北，又非经过赤道平面不可，那个时候，名曰春分。当春分的时候，由地球中心经过太阳的中心作一直线向空中延长，与天球相交的一点，名曰白羊宫（Aries）的起点；昔日这一点在白羊宫星宿里，现在在

[1] 此文为《地球的年龄》一书的第三章《根据天文学上的理论及地质学上的事实求地球的年龄》的前半部分的节选，题目为编者所加。

双鱼宫（Pisces）星宿里，所以每年春分秋分时，地球在它轨道上的位置稍稍不同。逐年白羊宫的起点的迁移，名曰春秋的推移（Precession of equinoxes）。在公元前 134 年，喜帕卡斯（Hipparchus）已经发现这件事实。牛顿证明春秋之所以推移，是地球绕着斜轴旋转的结果，我们也可以说是日月及行星推移的结果。春分秋分既然渐渐推移，地轴当然是随之迁向，所以北极星的职守，不是万世一系的。现在充这个北极星的是小熊星（Ursae Minoris），它并不在地轴的延长线上。

拉普拉斯（Laplace）曾确定一件事实，那就是地球受其他行星的牵扰，其轨道的扁度按期略有增减，有时较扁，有时与圆形相去不远。但是据刻卜勒（Kepler）的定律，行星的周期，与它们轨道的长轴密切相关，二者之中，如有一项变更，其余一项，不能不变。又据兰格伦日（Lagrange）的学说，行星的牵扰，决不能永久使地球轨道的长轴变更，所以地球的轨道，即令变更，其变更之量必小，而其每年运行所要的时间，概而言之，可谓不变。

阿得马（Adhemar）首创地球轨道的扁度变更与地上气候有关之说。勒未累（Leverrier）又表示如何用数学的方法，可求出过去或将来数百万年内，任何时候地球轨道的扁率。其后克洛尔（James Croll）发挥这个学说甚详，并用勒氏所立的公式，算出过去 300 万年内地球轨道的扁度最大及最小的时期。

一直到现在，我们说的都是天上的话，这些话在地上果然应验了吗？

地球的过去时代果然有冰期循环迭见吗？如若地质时代果然有若干个冰期，那么，我们也可用这种天文学上的理论来定地球各冰期到现今的年代，这件事我们不能不问地质家。

天文家这场话，好像是应验了。地质家曾在世界上各处发现昔日冰川移动的遗痕。遗痕最著的就是冰川之旁，冰川之底，冰川之前，往往有乱石泥土，或成长堤形，或散漫而无定形。石块之中，往往有极大极重的，来自数千百里之遥，寻常河流的力量，决不能运送那样大的石块到那样远的地方。又由冰川运送的石块，常有一面平滑，而其余各面，则棱角峭砺，平滑的一面，又常有摩擦的痕迹。冰川经过的地方，若犹未十分受侵蚀剥削，另有一种风景。比方较高的山岭，每分两部，上部嵯峨，而下部则极形圆滑。谷每成U字形。间或有丘墟罗列，多带圆长的形状。而露岩石的地方，又往往有摩擦的痕迹。诸如此类的现象，不一而足，这是专门地质家的事，我们现在不用管它。

在最近的地质时代，那就是第四期[1]的初期，也可说是初有人不久的时候，地球上的气候很冷。冰川冰海，到处流溢。当最冷的时候，北欧全体，都在一片琉璃之下，浩荡数千万里，南到阿尔卑斯、高加索一带，中连中亚诸山脉，都是积雪皑皑，气象凛冽。而在北美方面，亦有浩大的冰川流徙：一支由腊布剌多（Labrador）沿大西洋岸南进；　一支由岐瓦廷（Keewatin）

[1] 第4期即为现时说的第4纪。

地方，向哈得逊（Hudson）湾流注；一支由科的勒拉斯（Cordilleras）沿太平洋岸进行。同时南半球也是一个冰雪漫天的世界，至今南澳、新西兰、安第斯（Andes）山脉以及智利等地，都有遗迹。甚至热带地方，如非洲中部有名的高峰乞力马扎罗（Kilimanjaro）的雪线，在第四期的初期，也是要比现在低5000多英尺。

由第四期再往古代找去，没有发现冰川的遗痕。一直到古生世代的后期，那就是石炭纪的中叶（Permo Carbonifero），在澳洲、印度、非洲、南美都有冰川流行的事。再往古代找去，又有许多很长的地质时代，未曾留下冰川的遗迹。到了肇生纪的初期，在中国长江中部、挪威、加拿大、澳洲等地，又有冰川的现象发生。过此以往，地层上所载的地球的历史，到处都是极其模糊，我们再没有得着确实的冰川流行的遗迹。

地质事实说地球年龄[1]

地质家求最近冰期距现今的年限，共有几种方法。这几种方法之中，似乎以德基耳（DeGeer）所用的为最精密而且最有趣味。在第四期的初期，挪威与瑞典全土，连波罗的海一带，都是埋在冰里，前已说过。后来北半球的气候渐渐温和，那个大冰块的南头，逐年往北方退缩。当其退缩的时候，每年留下纪念品，所谓纪念品，就是粗细相间的停积物。

当春夏的时候，冰头渐渐融解。其中所含的泥土沙砾，随着冰释而成

---

[1] 本文为《地球的年龄》一书第三章的后半部分的节选，题目为编者所加。

的水向海里流去。粗的质料，比如沙砾，一到海边就要沉下。而较细的质料，悬在水中较久，春夏流水搅动的时候，至少有一部分极细的泥土不能沉淀。到秋冬的时候，冰头冻了，水流止了，自然没有泥土沙砾流到海里来。于是乎水中所含的极细的泥土，也可渐渐沉下，造成一层极纯净的泥，覆于春夏时所停积的沙砾之上。到明年交春，冰又渐渐融解，海边停积的情形又如去年。所以每一年停积一层较粗的东西和一层较细的东西。年复一年，冰头渐往北方退缩，这样粗细相间的停积物，也随着冰头，渐向北方退缩，层上一层，好像屋上的瓦似的。

德氏用了许多苦工，从瑞典南部的斯坎尼亚（Scania）海岸数起，数了 3.5 万层泥，属于冰期的末造。由冰期以后，一直到今日，约计有 7000 层的停积。然则由冰头退抵斯坎尼亚到今天，一共经过了 1.2 万年。斯坎尼亚以南的停积，为波罗的海所掩盖，德氏的方法，不能适用。再南到德国的境界，这个方法也未曾试过。冰头往北方退缩的时速，前后仿佛不是一致，愈到北方，有退缩愈急的情形。比如在瑞典首都斯德哥尔摩（Stockholm），退缩的速度，比在斯坎尼亚已经快了五倍。按这样推想，冰头在斯坎尼亚以南的时候，比在斯坎尼亚应还要慢些，所以要退出与在斯坎尼亚相等的距离，恐怕差不多要 2500 年。那有名的地质家索拉斯（Sollas），以这种议论为根据，暂定由最后的冰势最盛时代，到它退到瑞典南岸所费的年限为 5000 年，然则由最后冰期中，冰势的全盛时代到现在，至少在 1.5 万年以上，实数大约在 1.7 万年。在澳洲南部，地质家用别种方法，求出当地自从最后冰期到现在所经历的年数，也是 1.5 万~2.0 万年之间。两处的年数，无论是否偶然相合，总可算得一致。那么，我们应该承认这个数目有点价值。

现在我们看天文家的数目与地质家的数相差何如，至少要差 6 万年。我们知道德氏的方法，是脚踏实地，他所得的数目，比较是可靠的。然则克氏的数目，我们不能不丢下。况且按天文学的理论，地球不能南北两半球同时发生冰川现象，而在过往时代，我们所知道的三个冰期，都不限于南北一半球。更进一层说，假若克氏的理论是对的，那么，地球在过去时代，不知已经过几十百回的冰期，何以地质家在地球上各处找了数十百年，只发现三回冰期。如若说是冰期的遗迹，没有保存，或者我们没有发现，这两句话未免太不顾及地质学上的事实，也未免近于遁词。

原来地上的气候，与天文、地理、气象三项中，许多的现象，有密切的关系。这三项现象，寻常相互调剂，所以地上气候温和。若是三项合起步调，向一方面走，那就能使极端热，或极端冷的气候发生。比方，现在西北欧，若没有湾流的调剂，虽不成冰期，恐怕与冰期的情形也要差不多了。总而言之，克氏一流天文家所创的学说，如若不大加变更，大加修正，恐怕纯是纸上空谈，全以他们的理论为根据去定地球的年龄，正是所谓缘木求鱼的一段故事。

天文方面，既不得要领，我们现在就要问地质家，看他们有什么妥当的方法。

从地球热的历史说地球年龄[1]

地球上何以这样的暖？我们都知道是那太阳，无古无今，用它的热来接济我们。然则太阳里这样仿佛千古不变的热力是如何来的呢？这个问题，已经费了许多哲学家和物理家的思索。他们的思想，从历史上看来，自然是极有趣味，可惜我们没有工夫详细地追究，现在只好说一个大概。

德国有名的哲学家来布尼兹（Leibnitz）同康德（Kant），都以太阳为一团大火，它所发散的热，都是因燃烧而生的。自燃烧现象经化学家切实解释以后，这种说法，当然不能成立。俟后迈尔（Mayer）观察摩擦可以生热，所以他想太阳的热，也许是许多陨星常常向太阳里坠落的结果。但是据天文家观察，太阳的周围，并非常常有星体坠落，假若往太阳里坠落的星体若是之多，太阳的质量必要渐渐增加，这都是与事实相反的。

赫尔姆霍斯（Helmholtz）以为太阳的热是由它自己收缩发展出来的。太阳每年发散的热量，可由太阳的射热恒数（solar constant of radiation）求出。赫氏假定当初是一团星云，渐渐收缩，到了今天，成一个球形，其中的质量极匀。他并算出太阳的直径每缩短 1‰所生的热量，可与它每年所失的热量的 2 万倍相当。赫氏据此算出太阳的年龄，大约在 2000 万年以下。如若地球是由太阳里分出来的，当然地球的年龄，比 2000 万年还少。克尔文（Kelvin）对于这个问题的意见，也与赫氏相似，

[1] 本文为《地球的年龄》一书第六部分《据地球的热历史求它的年龄》一章的节选，题目为编者所加。

不过他相信太阳的密度愈至内部愈大。

据物理家近来的研究，所有发射原质当发射之际，必发生热。又据分析日光的结果，我们早知道日中含有氦（He）质，所以我们敢断言太阳中必有发射原质。因此，有许多人怀疑发射作用为太阳发热的主因。据最近试验的结果，1000 万克（grammes）的铀（U）质在“发射平衡”之下，每 1 点钟能生 77 卡（calerie）的热，而同量的钍（Th）所发的热量不过 26 卡。太阳每 1 点钟每 1 立方米所发散的热，平均约 300 卡，这些热量，假若都是由太阳内发射原质（如铀、钍等）里发出来的，那么每 1 立方米的太阳质中，应有 400 万克的铀。但是太阳平均每 1 立方米的质量只有 1.44 × 106 克，即令太阳的全体都是铀做成的，由这种物质所生的热仅能抵当它所消费的热量 1/3。所以以发射物质发生的热为太阳现在惟一的热源，所差未免太多。

据阿耳希尼（Arrhenius）的意见，太阳外面的色圈（chromosphere），大概都是单一的物质集合而成的。它的温度，约在 6000~7000℃。其下的映像圈（Photosphere）里的温度，或者高至 9000℃。愈近太阳的中心，温度愈高，压力愈大。太阳平均的温度据阿氏的学说计算，比它外面色圈的温度应高 1000 倍。在这种情形之下，按沙特力厄（Le Chatelier）的原则推测，太阳中豁，应有特别的化合物，时时冲到外部，到温度较低的地方爆裂，因之生热。我们用望远镜往往看见太阳的表面有凸起的地方，或者就是这种冲出的气疣。这种情形如果属实，那是我们现在从热的方面，无法算出太阳自有生以来所历的年代。

关于这个问题，近年法国物理家拍蓝（Perrin）氏利用原子论和相对论作了一番有趣的计算。拍氏因为天文家断定许多星云都是由氢气组成的，所以假定化学家所谓的种种元素都是由氢气凝结而成的。氢的原子量是1.008，而氦的原子量是4.00，那么由氢而变成氦，失掉若干质量，质量就是能力，这些能力当然都变成热。照这样计算，拍氏算出太阳的寿命为10万兆年，地球年龄的最大限度，应为这个数目的若干分之一。但是我们若要从热的方面求地球自身的年龄，还不能不从地球自身的热量着想。

我们都知道到地下愈深的地方温度愈高。地温增加的率随地多少有点不同，浅处的增加率与深处的增加率当然也不等。据各地方调查的结果，距地面不远的地方，平均每深35米温度增加1℃。

从这种事实，又从热能力衰退（degradation of energy）的原则着想，克尔文根据拍松（Poisson）的假说，追溯地球从前必有一个时期，热度极高，而且全体的热度匀一，后来它的热能力渐渐发散，所以表面结壳，失热愈多，结壳愈厚。

科学家的人文情怀

书稿编到这里，我一直期望出现一个中国科学家的名字。但当今的中国科学家愿意向公众传播一些基本科学观念，并且同时具有相当文学修养的人并不多见。那天因为飞机晚点，为了打发时间，便去逛机场内的小书店，得到两本有趣的书。一本是《插图本剑桥考古史》，一本是百花文艺出版社出版的随笔丛书中的一辑《穿过地平线》，著作者是我国著名的地质学家李四光先生。李先生的书当晚便落在我枕边，夜读好几个小时。第二天到编辑部便撤下了一篇原先准备好的文章，换上先生关于如何用不同的科学方式鉴定地球年龄的美文。

李四光先生是一位杰出的地质学家，在地质领域的许多方面都有杰出的发现。是他与赵亚曾合作，首次完成了长江三峡的标准地层剖面，首次证明第四纪冰川在中国的存在。此外还在微体古生物和地质力学领域内取得了伟大的科学成果。我注意到自己已经很多次用了伟大这个词语。但是，伟大本身也是一种客观的标准，所以，我如果用别的词语，可能有降低李四光先生成就意义的风险。

李四光先生也是一位真正的爱国者。新中国成立时，他远在欧洲研究讲学，并于1950年回到了祖国。回国后，立即担负起组建全国地质机构，规划地质科学研究的工作。更重要的是，把他的地质理论运用于新中国建设急需的各种矿物资源的勘探工作。中国石油资源的大面积发现，主要依靠他在《从大地构造看我国石油资源的远景》中的理论。同时，他在我国急需发展核武器与核工业的时期，为寻找铀矿做出了积极的贡献，而且担任中华人民共和国地质部长15年时间。中国在不同的科学领域不乏像李四光一样人品高洁、贡献杰出的科学家，但使我们遗憾的是，有时，大众科学传播领域，也即我们今天常说的科普却在很多人那里被忽视。而李四光先生却对这一事业十分关心，不仅主持教学，编写教材，而且亲自写下不少文理简洁的科普文章。

作为一名科学教育杂志的编辑者，我一向对那些致力于大众科学知识传播的科学家保有一份超乎寻常的尊崇之感。所以，写这篇小文前的夜晚，便成了我一个激动难眠的夜晚。说实话，这本书中的很多知识，今天我们很多人都有较为普遍的了解，或者说，这些科学知识随着时间的推移，不再处于科学界十分前沿的地带。但并不因此影响到我对李四光先生热心科普并身体力行的敬意。

对于我们今天的青少年读者更富有启示意义的是，从先生的文章中，我们看不出当今文理分科，在某一方向畸形发展的那种知识的单薄。

摘头术

[美] 埃德·里吉斯　张明德 刘青青 译

多拉·肯特和她的儿子索尔一样都想长生不死，而且，他们都是在人体冷冻学——即把刚死的人的尸体冷冻起来，以便日后使它复活——刚刚问世的 60 年代就对它产生了兴趣。这母子俩都是纽约人体冷冻协会的早期会员，索尔还在 1968 年夏参与了历史上首例人体冷冻的实践。

那时只能算做是人体冷冻学的史前时代，冷冻是由操办丧礼的人们干的。从那时起，科学已有了长足的发展。当多拉·肯特在 1987 年躺在一家私人小医院里濒临死亡的时候，已经出现了使人体走向永恒的一整套全新冷冻技术，包括患者稳定程序、血液冷却程序，以及冷冻尸体滑行坡道最佳角度，等等。在这些新技术中，有很多项是由被人体冷冻学家们认为世界上最先进的人体冷冻机机构，位于加利福尼亚州里弗赛德的阿尔科生命延长基金会开创的。索尔·肯特居住在里弗赛德的原因之一就是为了离阿尔科基金会近些。

当多拉·肯特住进医院的时候，人们都明白，只要她一死，立即就会被冷冻起来。她在 4 年前患了大脑器官综合征，此后一直卧床不起，神志不清，全靠别人料理。除此之外，她还患有骨质疏松症和动脉粥样硬化等疾病。1987 年 12 月，当她已是 83 岁高龄的时候，又染上了肺炎。

病人的状况至少可以说是极为糟糕。根据这种情况，索尔·肯特没有要求继续治疗，而是把她从医院搬到几英里外离阿尔科基金会不远的地方住了下来。

搬迁的原因是为了节省时间，尽管谁也不敢保证冷冻后的尸体准能复活，但是，病人去世后冷冻得越早，日后复活的可能性就越大，这一点在人体冷冻行业中却是没有异议的。其实，最理想的办法是在人死之前就开始冷冻，但根据现行法律，那样做将被判为故意杀人罪。其次的办法是在宣布病人法律死亡后，随即开始冷冻程序。于是，当多拉·肯特在1987年12月11日（星期五）0时27分去世后，索尔·肯特马上把母亲的尸体冷冻了起来。

确切地说，只是把尸体的一部分冷冻了。把一具完整的尸体冷冻并存放多年，其费用是相当高的。没有人知道会存放多少年，但目前普遍的看法是100年到200年之间。这么长的存放期限，再加上把尸体冷冻处理的费用，总共需预付10万美元。另外一个考虑是，多拉·肯特身体内部的一些器官——如硬化的血管、疏松的骨骼和患过炎症的肺部——都已不值得保存了，惟一值得保存的器官是能体现她的个性的储存记忆的部分，即头部。从理论上说，如果科学能够发展到使冷冻的人体重新复活的地步，那么，它也一定能毫不费力地使冷冻头颅恢复生机并把它移植到一个可能是利用病人本身的细胞再造的新身体上。单把头部冷冻并存放（即“神经冷冻置放”）的费用要低得多，只有3.5万美元左右。出于以上考虑，在

12 月 11 日清晨 6 时许，多拉・肯特的头颅从她的身体上被分离下来，一层层地用塑料膜裹好，准备放入液化氮储罐中。

这样的手术在阿尔科生命延长基金会已司空见惯。在多拉・肯特之前，那里已经存放了 6 个冷冻头颅和一具完整的冷冻尸体。但是，当晚值班的人体冷冻置放小组却犯了一个小小的技术错误，它不仅给小组成员本人，而且给整个人体冷冻学事业带来了巨大的影响。值班的小组成员包括阿尔科基金会主席迈克尔・达尔文和外科医生杰里・利弗，他们只顾忙于冷冻，却忘了宣布病人已经死亡。在场的人无人怀疑病人实际上已经死了（至少根据普遍接受的医学标准应当是这样），因为她早已停止了呼吸和心跳。达尔文和利弗可以用他们使用的心脏起搏监视器和听诊器证实这一点，但他们两人都不是注册医师，出示的医学证明不具法律效力。由于时间紧迫，他们只得立即动手。不出几个小时，多拉・肯特的头被取了下来并送入“头颅储藏库”——这是阿尔科基金会为更好地保护其神经储藏患者（冷冻头颅）而设置的一种抗地震储藏室。

3 天以后的星期一，受索尔・肯特委托负责火化尸体其他部分的布埃纳帕克殡仪馆向公共卫生服务部门索取死亡证明书，以便得到火葬许可证。但卫生部门拒绝颁发死亡证书，因为在患者死亡时没有注册医师在场。更为糟糕的是，尸体的头部没有了，这种事在整个南加利福尼亚都十分罕见。两天以后，布埃纳帕克县验尸处的几个人来到阿尔科基金会，对所谓未冷冻置放的那部分遗体进行检验。他们把尸体从基金会搬走，然后进行了解剖。

以后的事情都是顺理成章的。验尸表明，肺炎是致死的原因，一位代理验尸官很快据此开具了死亡证书，并把动脉粥样硬化和大脑器官综合征也列为死因。12 月 23 日在各方均告满意的情况下，多拉・肯特的尸体被火化，此事至此宣告了结。

当时，确实所有的人都认为此事已经了结。可是，就在第二天——即 12 月 24 日，圣诞节的前一天——中午，全国广播公司的一个摄制小组突然专程从洛杉矶来到里弗赛德郊外索尔・肯特的家里进行采访，他们想知道索尔对报纸上的那篇报道有何感想。

“什么报道？”

“就是关于你在你母亲还活着的时候就把她的头割了下来，以及你因此以谋杀罪受到起诉的那篇报道。”

在里弗赛德县验尸官得出多拉・肯特可能是被谋杀致死的结论之后两个星期，他的几名副手持搜查证来到了阿尔科生命延长基金会。在此之前，医学检查官在多拉・肯特的身体里发现了一些药物，因而推论它们可能加速了她的死亡，甚至可能是致死的原因。

在人体冷冻置放过程中，按照惯例需要使用药物。也就是说，在宣布病人在医学和法律上已经死亡之后，要立即对尸体采取“复苏”措施，就好像要使死者复活需立即采取措施一样。实际上，人体冷冻学家采用的方法和医生在病人临时停止呼吸或心跳后采取的复苏方法大致相同。采取这些措施的目的是使血液和氧循环到脑部，以利于日后使它重新复活。然而，人体冷冻学家并不想让尸体在冷冻置放过程中活过来或恢复知觉。为了保证这一点，他们往往给病人注射巴比土酸盐[1]和其他药物。

多拉·肯特事件的症结在于，医学检查官能否准确地区分哪些药物是死前以及哪些是死后注射的，即使乐观地说，做到这一点也是值得怀疑的。如果多拉死时有注册医师在场并宣布她的法律死亡，以后的事情可能就不存在了，但是，由于缺了这样的程序，验尸官认为有必要对包括头颅在内的整具尸体进行解剖。

这就是助理验尸官手持搜查证前来阿尔科生命延长基金会的原因。他们将搜查基金会的病人档案以及冷冻置放的尸体，包括多拉·肯特的头。然而，使他们感到吃惊和为难的是，在基金会的各处都没有找到多拉的头，也没有人说出放在哪里。经过询问多拉·肯特的尸体冷冻期间一直在场的迈克·达尔文和休·希克森，验尸官们得出结论：多拉的头肯定被偷运到了某个不为人知的地点。

达尔文和希克森被戴上手铐，此后，当基金会的其他人员吃过午饭回到办公室的时候也被逮捕了。他们被带到里弗赛德县监狱，留下指纹，拍了照片（“嫌疑犯照片”），然后被拘留起来。

他们在几小时后获释，并没有受到正式起诉。但警官明确地告诉他们，

---

[1] 临床上用于镇静、催眠或麻醉药的辅助药，过量服用可导致死亡。——编者注

警方仍想得到多拉·肯特遗体的剩余部分，其中的一位对迈克·达尔文说："只要你把她的头交给我们，我们就不会找你的麻烦。"

一个星期以后，警方决定再对阿尔科基金会彻底搜查一次。这次前来的，是里弗赛德县的一个特殊武器和战术小组以及洛杉矶加利福尼亚大学的一些校警，借口是阿尔科基金会藏匿了价值几千美元盗自该校的医学设备和药品。

警方搜走的许多设备上确实都带有洛杉矶加利福尼亚大学的标记，但阿尔科基金会的工作人员坚持说，所有的东西都是从该校的剩余财产处合法购入的，而且有收据可供证明。遗憾的是，收据也被警方拿走了，基金会左右为难，却又毫无办法（此后很久，警方才归还了那些设备和收据）。

在持续了30个小时的搜查期间，警方带走了除固定在地面上或抬不动的物品（如电子扫描显微镜）之外的一切东西，总共包括8部计算机及其软件和其他有关设备，如硬盘、备用磁带及高速打印机等。此外，还没收了用于冷冻置放的价值5000美元的药品，并带走了基金会的两位德国籍牧师——没有人猜得出是何原因。

他们没有搜到多拉·肯特的头，却找到了她的两只手。

人类一思考，上帝就发笑

希望读者没有把《摘头术》看成一篇恐怖小说的题目。

之所以有这种担心，是害怕有着正当阅读兴趣的读者因为这个标题便逃离了。

还需要申明的是，这也不是一篇充满了幻想的小说，而是一篇用新闻笔法写出的真实事件的述评。那么，也许有读者会问了，美文不是散文的另一种说法吗，怎么新闻体的文章也算是科学美文了。答案很简单，不是这种文章不能算作美文，而是有些简单愚蠢的分类方法把一些可能最生动、最及时的东西排除掉了。而对应着心灵与现实世界的写作，却无时无刻不在扩充着我们关于一些文体的概念。

比如这篇新闻笔法的科学美文。

这篇文章首先是报道了一个事件：一个儿子，在母亲患病去世后，将她的头颅割下来，交给一个在我们看来有些不可思议的机构去冷藏，并为此付出了三万多美元。

于是，这个事件带出了一个颇具幻想性，同时也对现存法律与伦理具有挑战性的科学背景，也是一个更大的事件：有人用专业性的组织把一些患不治之症的人的全体或头颅用冷冻的方式保存起来，以便将来医学发展到能够治愈这些疾病时，再将其解冻，使之复活。

文章接着又记录了两个问题：一个，相关部门的困惑，这种有可能复活的人算不算真正的死亡？再一个，新闻媒体说出的大多数人心中都会存在的疑问：这位儿子自己的内心深处怎么看待这件事情。

文章没有引用儿子的回答。即便用这个问题来问我们，可能我们自己也无从回答。世界就是这样，它不断地制造出新的事件。今天的世界，往往通过科学制造出新的事件，并在这些事件中包含一些看起来简单，细想却十分复杂的问题，让我们站在那里思考，却很难作出准确的回答。科学，就像金字塔前那个斯芬克斯一样，狡黠而轻易地便提出了问题，让我们觉得永远无从回答。只是科学不会像怪兽一样立即吃掉我们，而是让我们愣在那里，苦苦思考。也许，正是这种情景，让其中一个思考的人想出了一句格言：人类一思考，上帝就发笑。

也许，我摘出这段文字的那本书名更有意思。这本书名叫做《科学也疯狂》，而在大多数情况下，科学的疯狂正是人的疯狂。

有史以来最杰出的科学家

[美] 巴里·E. 齐然尔曼　戴维·J. 齐然尔曼　张树昆 张昭理 译

数年前，五十多位全世界最受尊敬的科学家应邀推举有史以来世界上最杰出的科学家。当然，阿尔伯特·爱因斯坦的名字出现在大多数的推举名单上，推动了原子结构的量子理论发展的尼尔斯·波尔的名字也出现在大多数推举名单上。不过，只有一个人的名字出现在每一份推举名单上，名列榜首或几乎名列榜首。他就是一个害羞的、腼腆的，名叫依萨克·牛顿的男子。

在这里，我们可以援引芝加哥大学的钱德拉塞卡博士（一位曾获诺贝尔奖的天体物理学家）的话："今天把爱因斯坦看作科学天才是一种时髦。与我们普通的人相比，爱因斯坦的确是个伟人。但与牛顿相比，爱因斯坦只居第二。爱因斯坦自己也说过，要是没有牛顿的发现，他的研究都是不会成为可能的。"

美国多产科普及科幻小说作家阿西莫夫说："大多数科学史学家都会一致公认依萨克·牛顿是这个世界上已知的最杰出的科学家。谁都知道，他这个人也有自己的缺点：不擅长于演讲，胆小……有时候会出现严重的精神崩溃。但是作为一名科学家，他是无与伦比的。"

牛顿于 1642 年，也就是伽利略去世的那一年，出生于英格兰。他的天赋在早年生活里并没有被人们所认识。1665年，他在剑桥的三一学院获学士学位，1668年获硕士学位，但均无十分特别之处。在1665–1668年，一次流行的淋巴结鼠疫使大学临时关闭，牛顿只好回到自己的家中。也就是在这段与外界隔绝、孤独沉思的时间里，他的才华开始显露。在1665–1667年的18个月里，牛顿一是发现了运动及万有引力定律；二是发现了光的构成及色的种类，为现代光学奠定了基础；三是发明了微积分，为高等数学打下了桩基。这其中任何一项成就都足以使他成为最杰出的科学家之一。

牛顿的运动及万有引力定律，以及它们是如何被应用于我们周围的物理世界、太空中的天体，都在他于1687年出版的《自然哲学的数学原理》（以下简称为《原理》）一书中进行了描述。这本书用拉丁文写成，于1729年译成英文，可以说是科学史上最优秀的单本著作。这里我们再一次援引钱德拉塞卡博士的话："在他的《原理》中，牛顿创造了动力学。《原理》构成了现代科学几乎每一个方面的基础。这本书是牛顿的专业生涯的高潮。另一本书，出版于1704年的《光学》，阐释了他对光和色彩的研究。"

正是由于他对光学的研究，我们完全可以认为是他于1668年发明了反射望远镜，而折射望远镜则是在此前六十多年就已被发明了。这种折射望远镜使用的是透镜，于是便产生了一个基本的问题：当光穿过透镜时，组成光的不同颜色会出现不同程度的弯曲，聚集点也不在一处，因而使得图像模糊。而牛顿的反射望远镜使用的是反光镜片，光不是穿光镜片，而是从镜片上反射回来。由于各种颜色的光都是以同一种方式反射的，所以它们能聚焦于同一点上，从而产生清晰的图像。牛顿设计的反射望远镜至今仍在普遍使用，并带有他的名字：牛顿式反射望远镜。

哈雷彗星本来也应带上牛顿的名字，因为没有牛顿，哈雷是永远也不会有这一重要发现的。17 世纪初，牛顿开始把他的万有引力理论应用于天体研究以确定行星、卫星以及彗星的运动。牛顿的挚友和同事埃德蒙·哈雷，对他的计算结果产生了极大的兴趣，于是在 1684 年拜访了牛顿。与牛顿的讨论使得哈雷得出结论，1682 年出现的那颗明亮的彗星同分别于 1531 年和 1607 年两次出现的彗星是同一颗彗星，并将于 1758 年再次出现。16 年后，哈雷还未能证实他的预测便去世了，但是这颗彗星的确再次出现了。从此，人们便把这颗彗星叫做哈雷彗星。

哈雷对牛顿的天赋是很赏识的，也是在他的支持和鼓励之下，牛顿写成并出版了《原理》这本书。这是个不小的帮助。按牛顿的传记作者理查德·威士特福的话说，假使牛顿在去世之前没有写出《原理》这本书的话，“我们也至多只会三言两语地提一下他，对他没有能够有很大的成就感到痛惜而已。”正是由于他们之间的合作，才使各自得以名垂千古，流芳百世。尽管大街上的平民百姓不会轻易地把牛顿看成历史上最杰出的科学家，但他的伟大之处已被全世界所公认。他在 60 岁时被推选为英国著名的科学机构——英国伦敦皇家学会的会长，两年后，他被安妮女王封为爵士，成为依萨克·牛顿爵士——获此殊荣的第一位英国科学家。在三一学院的战争纪念馆前以及在他长眠的威斯敏斯特大教堂前都有他的塑像，他的形象曾同莎士比亚·威灵顿公爵一样出现在英国的一便士面值钞票上，公制中“力”的单位也带有他的名字——牛顿。1987 年，为纪念他的《原理》一书出版 300 周年，英国发行了 4 种牛顿邮票。位于华盛顿特区的史密森学会所属的美国历史博物馆也在同一年为《原理》举办了为期 6 个月的展览。

然而，这本科学史上最优秀的单本著作每年只能售出几百本。事实上，目前在美国出现的《原理》的惟一版本是加州大学出版社从 1929 年的现代英语译本小批量出版的。

此刻，你一定会感到疑惑，是否真有一只苹果落在牛顿的头上而使他突然领悟了万有引力的。这到底是事实，还是美妙的神话而已？这是真的，确实有一只苹果落下来——不是落在他的头上，而是靠近他的头。按牛顿自己的记述，在那场瘟疫流行的秋日的一天，一只苹果从身旁的一棵树上掉在了他的脚上，于是这便引发了他对引力的思考。他推断，地球的引力是一种能在一定的距离内起作用的力量。毕竟这只苹果并非是有意要去接触地球，而是受到某种力量的牵引而致的。那么，推及这只苹果的同一力量是否也可及至遥远的月亮呢？接下来，按他们的话说，这就是历史了。

牛顿的确也有自己的缺点。他这个人小气，报复心强，其后半生大多数的时间都沉湎于与其他学者的激烈争论之中，其中最为激烈的是与德国哲学家、数学家莱布尼兹的争论。他俩都分别独立地发展了微积分这门价值无限的数学学科，于是围绕谁先发明了微积分爆发了一场舌战（现在已弄清楚是牛顿先发明，莱布尼兹在后发明的）。牛顿利用自己是皇家学会会长的地位公开羞辱、刁难莱布尼兹，并在正式场合指责他的剽窃行为。在莱布尼兹死后，据报道，牛顿曾说过，他对曾伤透莱布尼兹的心感到十分满足。

牛顿曾被认为患过临时性的精神错乱症，至少在他的一生中曾两次有过精神忧郁以及临界精神病的其他异常行为。到了 50 岁时，他已病得很厉害，既有精神上的，也有生理上的。有迹象表明他的这些异常行为是由于吸入了水银蒸气。作为一名炼丹人，他有用水银和合成物做实验的嗜好。

尽管有些“疯狂的时刻”，而且基本上是忧郁的，且带有报复心理，牛顿的天赋仍然是无可置疑的。他是否曾认识到自己的伟大之处呢？他在辞世之前曾简短地评价过自己：“我不知道我在世人看来是什么样的，但在我自己看来，我一直是像一个在海滩上玩耍的小孩，沉湎于不时地发现一粒更光滑的鹅卵石或一只更美丽的贝壳的喜悦之中，却不知道真理的海洋就在我的面前。”

牛顿在 84 岁离开人世时，为他抬棺材的是两位公爵、三位伯爵及大法官。伏尔泰是这样描述的：“他是像一位深受自己的臣民爱戴的国王一样被安葬的。在他之前，是没有哪一位科学家享受过如此殊荣的。在他之后，受到如此厚葬的也屈指可数。”

就在牛顿去世后不久，18 世纪伟大的诗人亚历山大·薄柏总结了世人对牛顿的评价：

自然和自然规则在黑夜中躲藏，

主说，让人类有牛顿！于是一切被光照亮。

这句诗铭刻于牛顿的墓碑上。

有缺点也有可能伟大

读完这篇文章，我感到自己已经无话可说了。

因为这篇文章本身不深奥，还把为什么给牛顿这样一个伟大人物作出如此定位的理由说得如此明白。还有什么好说的呢，除非你自己有自以为是的饶舌的习惯。凭着每一次都要在这样一个专栏里写点什么文字的那种惯性在这里饶舌。

是的，惯性，要是没有牛顿，大概我们的词库里不会有惯性这样一个词汇。没有这个词我们就无法描述出某种不肯停止的力量。惯性也不再是一个物理的词，也是一个心理的词。

一个典型中国的文化心理惯性就是，但凡伟大的人物都是完美的。好像他们从来都是穿着圣洁的白袍子，脚不沾地在世间行走与思考。这样做的结果是：做出伟大贡献的人物都成了神。也许你会说，是神就让他是神吧，世界多一些神让我们来崇拜有什么不好？而我认为问题恰恰就出在这里。只有神才能作出伟大创造的时候，人，不完美的人就坐在那里等待天降神迹，不愿努力了。我国民间有句流传久远而且广泛的话：天塌下来有高个子顶着。我以为就是从这种麻木的等待中产生的可怕格言。所以，我推荐这篇文章，是因为这篇文章在写出了现代科学奠基人的伟大成就的同时，也写出了一个人所具有的弱点："小气，报复心强。"甚至还让我们看到了他的巨大缺陷："至少在他的一生中曾经两次经历精神忧郁以及临界精神病的其他异常行为。"

也许，看了这样的文章，我们会认为，普通的自己，平凡的自己，有缺点的自己也有可能变得伟大。虽然牛顿的伟大已经很难逾越，但只要努力，每个人都可能比我们认为的稍稍伟大一点。而且，人的伟大也不只是表现在科学这个领域里面。

满城纷说艺术与科学

吴冠中

最近清华大学举办的艺术与科学国际作品展暨研讨会，引起科学界、艺术界、教育界等广大群众的广泛关注，成了热门话题。科学家站在科学的立场看艺术，艺术家站在艺术的立场看科学，哲学家站在科学和艺术的等距离处比较着这人类的两大智慧之塔。

显然，人类早期活动中没有科学与艺术的分野，就是到了文艺复兴时期的达·芬奇，仍集科学与艺术于一身。《徐霞客游记》大家都读过，是文学、地理或地质学？看来都是。分工与专攻是文明发展的必然阶段，科学专注于提示宇宙物质之奥秘，艺术陶醉于探索感情之奥秘。他们揭秘，他们探寻新境，同样在从事创造性的事业，真正的科学家和严肃的艺术家是同一个创造家。

科学家疲惫时，享受艺术，是一种休养；艺术家疲惫时，啃不了深奥的科学原理，不能于此获得享受，也许可看点科普图书。艺术求助于科学的似乎主要是工具材料等方面的改进。这些都是科学与艺术日常的相遇，也可以说是在低层次的互补。

据一些高层次的科学家说，当他们掌握了大量数据及实证材料，一旦突然颖悟，便归纳出具有普遍真理的定理定律，这情况颇类似艺术家创作中的灵感勃发。科学分析到无法再分析的时候，科学家的感受与感觉起了主导作用，感受与感觉领先，永远被分析追踪。熊庆来先生在数学方程式中讲究美的和谐，那么我们画面中的黑白分布达到和谐的美时，应正吻合了数学的法则。

印象派在世界绘画史上有着划时代的影响，除因画家们的感受与感觉获得彻底解放外，还得助于色彩学的科学原理。近代绘画的奠基人塞尚着力于用圆柱、圆锥等最基本的几何形体构建造型世界，这显然获益于几何学的普及。我国几百年来由于政治落后，科学曾随之落后，艺术随之滞后。失去科学的探索与创新精神，个人才智必然得不到充分发挥。而对传统，我们获益的是启迪，失足的是模仿，模仿不属于科学，是科学的阻力。

科学和艺术不能等同，科学思维和艺术构想有区分。科学家和艺术家不能互换，他们各奔前程，但他们在高峰碰面了，这个高峰就是对宇宙人生探索的高峰。他们在高峰握手，相融，由于感情与感受正相同。生物学家给我们展示微观世界中物质基因的真实构造，生命的原始状貌原来如此复杂而活跃，似舞蹈，似狂草般美丽，我们得出共同的结论：美诞生于生命，生命无涯，美无涯。

艺术需要科学的温床，科学需要艺术的滋养。教育中正倡导科学与艺术的结合，清华大学成立美术学院，无疑是这一指导思想的实践，而这次展览与研讨会的影响，更加强了人们的信心。有人分析说人的大脑左脑分管科学，右脑分管艺术，则如果左右脑都同样投入使用，发挥最大的使用量，年轻一代的智商当比父辈更上一层楼。

艺术家的角度

本主持最近过得很惨，因为读者调查结果出来，“科学美文”这个栏目差点成了最不受欢迎的栏目。照理说，这样的栏目应该立即取消，但是，我又心有不甘，于是，大家决定再给我一些宽限。所以如此，并不是因为主持本人是刊物的主编，享有什么特权，而是认为，这个栏目应该对我们的读者是有相当好处的。

第一，科学美文用文学化的方法来讨论科学问题，这对学校里文理分科所造成的不足应该是一个很好的补充。通过这个栏目，可以使学生读者受到文学与科学双重的熏陶，这种熏陶会对读者产生很好的效用。

第二，科学问题很多时候，不是一种已有的简单知识，科学家在阐述这些问题的时候，同时也告诉了我们创造性的思维方法。要发展我们的创造性思维的能力，就要看看那些真正进入了科学领域的人，在看到他们发现了什么的同时，必须知道他们为什么能够去发现，而且是怎样去发现的。

也许，是主持人的选题方式狭窄了一些，艰深了一些，所以，这一期便换一个角度，从一个艺术家的角度来看科学与科学方法。文章选自《中国青年报》，而且是由读者作的推荐。我想，这个栏目要继续存在的意义是充足的，但是，对于一个市场化的杂志来说，仅有意义是不够的，最重要的是，要读者的确感到有这种需求。也许，符合读者愿望的一个最重要的手段，就是让读者参与进来。这个栏目最好的参与方式便是读者把你看到的好的科学美文推荐给我们。如果你再写上推荐意见，并注明所选文章的出处，也许，你就成了某一期的栏目主持，我们将付给一定的报酬。如果那时大家还觉得这样的栏目没有意义，那么，它确乎就应该寿终正寝了。

名桥谈往

茅以升

古往今来，芸芸大众，得名者极少，其能流芳百世的就更少。桥也是一样。自有历史以来，就有人造的桥。最早有记载的是夏禹用“鼋鼍以为桥梁”（《拾遗记》），后来在渭河上，先是“造舟为梁”（《诗经》中《大明篇》），逐渐地就“以木为梁”“以石为梁”（《初学记》），于是桥梁日多，布满全国。四千年来历代所建桥梁，据说有几百万座之多。由于我国文化昌盛，这许多桥梁，一般都有名字，就像人有名字一样。然而，虽然个个有名字，真正“出名”的却不多，人是如此，桥也是如此。不过，桥不像人，从未有过“遗臭万年”的。尽管桥上会有遗臭的事，但桥的本身总是流芳的。流芳有长短和远近的不同，决定于桥本身的技术和艺术，桥在历史上的作用，桥上的故事传说和有关桥的文艺、神话、戏剧等。这几方面当然是互有影响的，在一方面出了名，其他方面也会跟着附和。然而各方面未必相称。小桥可以享大名，而大桥未必尽人皆知，甚至简直无名，桥的有名无名，要看它在群众中的“威望”。现在以此为准，来谈谈我国传统的各地名桥。所谓传统的桥就是我国固有的各种形式的桥，并非从西方输入的近代形式的桥。

技术上的名桥

我们常常自谦，说是科学技术落后，比不上世界上的先进国家。这是近百年来受了帝国主义压迫的结果。但是，回顾过去数千年的历史，我国不但文化悠久，光辉灿烂，而且就是在科学技术上，也曾盛极一时，桥梁就是一例。我国有许多桥梁，其技术在当时是大大超过世界水平的，这有实物为证。首先要提到的是“赵州桥”，这是全世界桥梁史上的一座最突出的桥，它的技术是大大超过时代的。它是在一千三百五十年前（隋代）的“总工程师”李春造成的一座“石拱桥”，直到现在，还可使用。

其次应当提出的是福建泉州“洛阳桥”。这是一座石梁桥，修建于南宋皇祐、嘉祐年间（公元 1053–1059 年），长 360 丈，有四十七孔。洛阳江入海处水流湍急，波涛汹涌，建桥当然不易，而且当时福建沿海各河上，除有少数浮桥外，几无一处有石桥，洛阳桥的建成，实是划时代的巨大贡献。

也应当提到广东潮州的“湘子桥”，它所跨越的韩江，就是唐代大文豪韩愈驱逐鳄鱼的所在，那时就名为“恶溪”，可见水深流急，造桥之不易了。这座桥全长518米，分为三段，东段十二孔，长284米，西段七孔，长137米，中段一大孔，长 97 米。东西两段，皆石礅石梁，中段是“浮桥”，由 18 只木船组成。这桥的特点就在中段，那时的木船可以解缆移动，让出河道以通航。这就是近代的所谓“开合桥”，合时通车，开时走船，对于水陆交通，是两不妨碍的。然而这样一座结构巧妙的桥梁，却是建成于南宋乾道年间（公元 1169–1173 年），距今已将近 800 年了。

“万年桥”，在江西南城县，是国内罕见的极长的“联拱石桥”，计石拱 23 孔，全长四百余米。所谓“联拱”就是把许多拱联成一线，形成一个整体，每一拱上的载重，由全部各拱共同负担，因而是个很经济的设计。这座桥在宋代初建时为浮桥，到明代崇祯时（公元1634年）更建为石桥。“西津桥”在甘肃兰州，俗名卧桥或握桥，在阿干河上，是“伸臂式”的木结构桥，其木梁由两岸伸向河心，节节挑出，在河心处，于两边“挑梁”上铺板，接通全桥。传说这桥建自唐代，经历代重修，现存的是公元 1904 年重建的。“珠浦桥”，在四川灌县，位于都江堰口，横跨岷江，是用竹缆将桥面吊起的“悬桥”，共长 330 米，分 10 孔，最长跨度 61 米，竹缆锚碇于两岸的桥台中。

以上 6 座桥，代表 6 种类型，即拱桥、梁桥、开合桥、联拱桥、伸臂桥和悬桥。从今天看来，所有近代桥梁的主要类型，“粲然具备矣”。当然，在每一类型中还有其他名桥，比如拱桥类有建于元代的江苏吴江“垂虹桥”；梁桥类有福建泉州的“五里桥”，有“天下无桥长此桥”的传说；福建漳州的“江东桥”，最大一根石梁重至 200 吨，均建于南宋时代；联拱桥类有建于清初的安徽歙县的“太平桥”；悬桥类有建于明代的贵州盘江桥等等。这许多名桥的技术有一个共同特点，就是把桥造得坚固耐久。

艺术上的名桥

桥不在水上，就在山谷，而山与水又往往相邻，构成图画，“山水”成为风景的代名词。桥在这样的天然图画中，如果本身不美，岂不大煞风景。

桥的美首先表现在形体，亦即桥身的构造，要它在所处环境中，显得既不可少，又不嫌多，“称纤得衷，修短合度”。其次在艺术上布置上处理得当，决不画蛇添足。一条重要法则是技术和艺术的统一，不因此害彼。上述的几座名桥，特别是赵州桥，就都能达到这种境界。特别在艺术上驰名的，还有很多，这里举几个例子：

“宝带桥”在江苏苏州，是座联拱石桥，全长约 317 米，分 53 孔，其中三孔联拱特别高，以通大型舟楫，两旁各拱路面，逐渐下降，形成弓形弧线。建于唐代（约公元 806 年），重修于宋（约公元 1232 年）。全桥风格壮丽，堪称“长虹卧波，鳌背连云”。这座桥的工程浩大，构造复杂，而又结构轻盈，奇巧多姿，成为江南名胜。“玉带桥”在北京颐和园，建于清代（约公元 1770 年），桥拱作蛋尖形，特别高耸，桥面形成“双向反曲线”，据说是美国纽约“狱门桥”设计的张本。这是座小桥，庄严而又玲珑，大为湖山生色。“程阳桥”在广西三江，长达一千余米，是座伸臂式桥，用大木节节伸出，跨度二十余米。每一桥墩上建有高塔式楼阁 4 层，约 5 米见方，高十余米。各楼阁之间，用长廊联系，上有屋盖，为行人遮阳蔽雨。这桥的构造奇特，结合桥梁与建筑为一体，形成一座水上的游廊。“鱼沼飞梁”，在山西太原的晋祠内，是个游览胜地。这是座在鱼沼上建成的十字形的“飞梁”，就像两条路的十字交叉一样。飞梁的中心是个 6 米见方的广场，东西向和南北向的两头各有挑出的“翼桥”，长 6 米，形成 18 米长的两桥交叉。这桥的构造曲折，整齐秀雅，富丽堂皇。“五亭桥”

在江苏扬州的瘦西湖，也是个十字交叉的飞梁桥，在中心广场和东南西北的四个翼桥上，各有一亭，桥下正侧面共有15个桥孔，月满时每孔各衔一月，波光荡漾，蔚为奇观。

历史的名桥

桥是交通要道的咽喉，军事上在所必争，历史上记载的与桥有关的战役，真是太多了，往往一桥得失影响到整个战争局面。在和平建设上，有的桥也起过重大的历史作用。现举历史上几个著名的例子：

“泸定桥”，即大渡河铁索桥，是公元1935年我红军长征，强渡大渡河的所在。这座桥建成于清代（公元1706年），计长103米，宽约3米，桥面木板铺在九根铁链上，铁链锚碇于两岸桥台。

“卢沟桥”，在北京广安门外永定河上，是1937年日本帝国主义对我国发动侵略战争的爆发地，也是我国人民解放战争中永远值得纪念的一座桥。这是座联拱石桥，共长265米，由11孔石拱组成，建成于金代（公元1192年）。13世纪时，意大利人马可·波罗在他的游记中提到这座桥。经过他的宣传，卢沟桥早就闻名世界。

“阴平桥”在甘肃文县，从文县至四川武县的“阴平道”，即三国时魏将邓艾袭蜀之路。姜维闻有魏师，请在阳安关口阴平桥头防御。这座桥于清代（公元1729年）重建，是一个有名的石拱桥。“孟盟桥”在山西蒲州，春秋时秦将孟明伐晋，“济河焚舟，盟师必克”，晋师不敢出，遂霸西戎，故以名桥。这里所谓舟，就是浮桥。

在桥梁史上，有的桥是先行者，成为后来建桥的楷模。晋杜预，以孟津渡险，建“河桥”于富平津，当时反对者多，预曰，造舟为梁，则河桥之谓也，及桥成，晋武帝司马炎向他祝酒说，非君此桥不立也。后来，“杜预造桥”故事，成为一种鼓舞力量。福建自洛阳桥兴建成功，泉漳两地相继建成“十大名桥”，为桥梁技术开辟了新纪元，致有“闽中桥梁甲天下”之誉。洛阳桥又是明代抗倭的一个要塞，明末时，郑成功更据此桥抗清，取得胜利。

有的历史上的名桥，实际并非桥，比如，宋代赵匡胤制造的“陈桥兵变，黄袍加身”的陈桥，就不是桥而是个“驿”名，唐时名“上元驿”，朱全忠曾在此放火，谋害李克用。

故事中的名桥

历史上有许多有名的故事，在这些故事里所牵涉的桥也往往成为名桥。

有的桥是为纪念名人的。如“惠政桥”“斩蛟桥”“甘棠桥”“王公桥”“留衣桥”等。

有些桥的故事流传甚广，但其确址难考。如汉张良游下邳，遇圯上老人命取履，圯就是桥，这桥当然在下邳了，但河南归德府永城县有“酂城桥”，“一名圯桥，即张良进履处”（见《河南通志》）。

文艺中的名桥

桥是地上标志，又是克服困难把需要变成可能的人工产物，因而桥的所在和有关故事，最能动人成为文艺上的极好题材。在文学中诗、词、歌、赋里以桥命题的固然多不胜数，到了近代文学里，它为群众服务的作用，就更显得重要了。同样，在绘画、雕塑等艺术作品中，桥也是重要对象。现就文艺遗产中举几个例子：

“灞桥”在陕西西安，“东汉人送客至此桥，折柳赠别”（《三辅黄图》）。“灞陵有桥，来迎去送，至此黯然，故人呼为销魂桥”（《开元遗事》）。唐王之涣诗：“杨柳东风树，青青夹御河，近来攀折苦，应为别离多。”宋柳永词：“参差烟树灞陵桥，风物尽前朝，衰杨古柳，几经攀折，憔悴楚宫腰。”

“枫桥”在江苏苏州，因唐张继《枫桥夜泊》诗而名闻中外。其中，“江枫渔火对愁眠”句，有人谓是指“江桥”和“枫桥”两个桥。又唐杜牧有诗：“长洲茂苑草萧萧，暮烟秋雨过枫桥。”其实枫桥只是一个较小的石拱桥。

在古代绘画中，桥虽多，但知其名的很少。可以提出的是宋张择端画的《清明上河图》中的河南开封的“虹桥”。名画中的桥，多半是拱桥，但这幅画中的名桥却是个木结构的拱形伸臂桥。它的结构非常奇巧，堪称举世无双。

神话中的名桥

由于桥是从此岸跨到彼岸，凌空飞渡，不管下界风波，这就引起人们的美丽幻想。特别是爱把桥比作“人间彩虹”，把彩虹当作是人间到天上的一条通路。既然上天，神仙就少不了了。

“鹊桥”是神话中牛郎织女在银河上的相会处。《白帖》云：“鸟鹊填河成桥，而度织女。”《风俗记》说：“七夕织女当渡河，使鹊为桥。”神仙本来是会腾云驾雾的，然而在银河上还需要桥，人们把桥的作用抬高到天上去了！“蓝桥”在陕西蓝田县蓝溪上，“传其地在仙窟，即唐裴航遇云英处”（《清一统志》）。“照影桥”在湖北石首，“相传有仙人于此照影”（《湖广通志》）。此外，各地桥以“升仙”为名的特别多，也是人们在封建统治下不堪压迫向往出头的一种反映。

戏剧里的名桥

出名的人物故事，总会搬上戏剧舞台，桥当然不例外。京剧里演出的名桥故事就不少。最著名的是“长坂坡”即“长坡桥”，见《三国演义》。《三国志·张飞传》载：“曹公入荆州，先主奔江南，使飞将二十骑拒后，飞据水断桥，瞋目横矛。……敌皆无敢近者，遂得免。”还有“金雁桥”也是三国故事戏。关于恋爱戏，有“鹊桥相会”“断桥相会”“虹桥赠珠”“草桥惊梦”等。直接宣扬造桥故事的有“洛阳桥”灯彩戏，描述建桥如何艰巨，以及桥成后“三百六十行过桥”时人民的欢乐情景。

今天造桥的传统

上述的这些名桥中，有四座已经在我国纪念邮票中发表了，就是：赵县安济桥（即赵州桥）、苏州宝带桥、灌县珠浦桥和三江程阳桥。此外，值得纪念的还有很多，特别是泸定桥、卢沟桥、洛阳桥和湘子桥。有很多古桥的传统，已经成为民族遗产中的财富，有的更发展为今天造桥的传统，如云南南盘江上的公路石拱桥，跨度达 114 米，成为世界上最大的石拱桥，就是继承了赵州桥的传统而发展成功的。这种古为今用的发展前景，将是不可限量的。往时名桥虽多，然而“俱往矣”，数宏规巨构，“还看今朝”！

空间与心灵上彼此的抵达

《彼此的抵达》是一本科学随笔集，其中大多数篇目与桥有关。写下这本书的人，是我国的桥梁专家茅以升教授。一部写桥的书，用了这样的书名，表现了编者独到的眼光。桥梁沟通的是此岸与彼岸，但是，当实际的交流发生后，真正的交流又何止于发生在物理的空间。茅以升在《桥话》一文中写道：“人的一生，不知要走过多少桥，在桥上跨过许多山和水，欣赏过多少桥的诗情画意。无论在政治、经济、科学、文艺等各方面都可以看到各式各样的桥梁作用。”

在历史上，在现实社会中，正是这各式各样的作用，形成了空间与心灵上的彼此的抵达。

说起茅以升，关心科学史的人都知道他主持设计与施工的钱塘江大桥，是我国第一座完全由中国人自己建造的现代化大桥，也知道围绕这座桥的一段传奇。还是引用茅以升自己的回忆文字吧：“在全桥通车的那个时候，国内的大局是怎样的呢？卢沟桥‘七七’事变，已经两个多月，上海‘八一三’抗战，也已一个多月，从 8 月 14 日起，敌人飞机逐日来炸桥，当时尚有一个桥墩，两座钢梁还未竣工，幸赖上海将士，守土御敌，本桥职工得以日夜赶抢，提前完工。但虽能通车，而仅仅三个月，终于全桥沦陷，令人痛心！”

1937年11月17日，大桥通车。同时，刚建成的大桥上已经预埋了大量炸药，因为国民党军从前线溃退，这座桥将随时被炸掉。茅以升接到命令，与军事机关一起，负责随时炸桥。大桥通车的那段短暂时间里，大量的军民逃过钱塘江，光21日一天，不算徒步过桥的军民，“过桥的铁路机车有三百多辆，客货车有两千多辆”。12月23日，下午5点，“隐约见有敌骑，奔上桥头，这才断然禁止行人，开动爆炸器，一声轰然巨响，满天烟雾，这座雄跨钱塘江上的大桥，就此中断！”从建成通行，仅一个多月时间！茅以升当即写下七绝三首，发出“不复此桥不丈夫”的铮铮誓言！

抗战胜利后，茅以升再次主持钱塘江大桥的修建，1947年3月1日，大桥竣工通车！这段往事告诉我们，科学没有独立的命运。国家民族大的命运决定着科学与科学家的命运。

桥梁是科学想象的固化，也是科学力量的延展。所以，往往在不同的时间与地点，桥梁成为一个地方甚至一个国度科技与经济实力的象征性建筑。中国的赵州桥代表了一个古代文明所达到的水准，金门大桥则是美国这样一个巨人崛起的建筑象征之一。而改革开放以来，中国一座座刷新着不同纪录的桥梁，被不同的人群所瞩目时，也决非仅仅意味着科技的进步。

桥梁在汉语中，从来就具有美好的象征意味。那么，那些造桥的人呢？

今天，我们从这本书里挑出一篇一篇科学美文来重温。重温这篇发表于1962年，浸润了中国传统文化意识的《名桥谈往》。写下这篇文章的，就是茅以升，这个著名的造桥人。阅读这篇文章，我们看到一个桥梁科学家，在自己的专业知识之外的深厚的人文科学素养。今天青少年成长中所面临的素质教育问题，我以为最关键之处就是培养把不同学科融会贯通的能力。怎样使未来的科学工作者具有人文素养，使将来的人文学者具有科学素养，这是当前教育需要解决的一个大问题。愿我们做得更好，也愿我们的努力得到理解与回报。

科学发现的启示

钱三强

先请大家看一张年表：1932 年，查德威克发现了中子；1934 年，费米用中子轰击铀原子核，发现了所谓的“超铀元素”；1938 年，哈恩和施特劳斯曼发现了裂变；1939 年，约里奥·居里证实了裂变中子多于两个，链式反应是可能的；1942 年，费米建成了世界上第一座原子核反应堆；1945 年，两颗原子弹分别在广岛和长崎爆炸：1952 年和 1953 年，美、苏的氢弹相继试验成功；1954 年，世界上第一座原子能发电站在苏联奥勃宁斯克发电；1955 年，第一艘核潜艇舡鱼号（Nautilius）在美国下水。到目前，世界上已积累了大量的核武器，其威力足以毁灭整个人类几十次。同时，已有几百座核电站在几十个国家运行，它们提供了全世界电力供应的百分之十五，而且这个比例还在继续增长。从这张年表中可以看到，关于原子核物理学的基础研究和应用研究，对人类社会起了多么大的影响。而所有这一切，都是在很短的时期内成为现实的。科学的力量是无穷的。人类要掌握科学，好好驾驭它，使它为自己造福而不是造成危害，就需要千百万科学工作者和其他工作者的共同的坚持不懈的努力。

请大家再看另一张年表，这是关于裂变物理学本身的研究进展的：1938 年底，裂变被发现；1939 年夏，尼·玻尔（N.Bohr）和惠勒

（J.A.Wheeler）提出了裂变理论的液滴模型，首次对这一复杂的核过程做出了全面而详尽的解释；1940 年，彼特沙克和弗列洛夫发现了自发裂变；1946 年，我们和其他人一起发现了三分裂和四分裂；1955 年，奥·玻尔（A.Bohr，他是尼·玻尔的儿子）提出了"裂变道"理论，正确地解释了裂变碎片角分布的各项异性现象；1962 年，玻里甘诺夫发现了自发裂变同核异能素（后来被改称为形状同核异能素）；1967 年，斯特鲁金斯基提出双峰势垒理论，解释了玻里甘诺夫的发现及其他新现象；70 年代初，发现了极向发射；80 年代，又研究了冷裂变和快裂变等。从这张远不完全的年表上可以看出，半个世纪以来，对于裂变本身的研究不但一直没有停滞过，而且确实像一个发掘不完的宝库似的，辛勤的探索者不断有新的收获。这也从一个小小的侧面说明了，科学是不断发展的，对事物本质的探索永远没有尽头；需要一代又一代科学工作者的努力，要有新鲜血液不断来补充这支队伍，把科学事业推向一个又一个新的高峰。

科学发现需要胆识。科学发现更需要勤奋。我们所知道的（有些有亲身的接触，有些只有间接的了解）几乎所有有所成就的科学工作者，不论中外，都是十分勤奋的。他们把全身心放在科学工作上，在紧要关头，更是达到了废寝忘食的程度。只有胆识而没有勤奋的工作，我想是很难有成绩的。反过来，只有勤奋而缺乏胆识，则可能只有较小的成果而难以有重大的突破，甚至会让重要发现从自己手中白白溜走。

科学需要积累，科学需要合作。所谓积累，一方面是历史的积累。每一项新的研究，都要在前人工作的基础上进行。不彻底了解本领域内已经弄清楚和尚未弄清楚的问题，就像盲人骑瞎马一样，是不行的。另一方面是个人的积累。从一个科学上的新手成长为成熟的、有经验的研究工作者，不但要有知识的积累，更重要的是要有多方面实践的锻炼。我自己深有体会，有没有后面这一种积累是大不一样的。积累是纵向的，合作则是横向的。科学合作是国际性的。科学没有国界，科学属于全人类。重大的科学工作，总是一个集体型的工作，需要走许多弯曲的道路，需要许多国家的科学家们一棒接一棒地把科学工作推向前进，没有不成功的尝试，成功的结果也得不出来。因此，最后的成功总是包括过去不成功者的努力。至于在共同从事一项课题的小集体中，更加需要意见的一致和配合的默契。这决不是说不能有争论。科学上不同意见的争论不但无害，而且必不可少。在激烈的辩论中往往会出现新思想的闪光。但争论是为了弄清问题，为了更好地进行工作。摩擦和内耗是要不得的，精诚团结和协作才真正能做出有意义的工作。越是有重大意义的工作，越要提倡“大力协同”的精神。

我还想谈谈原子核物理学家本身。约里奥·居里夫妇现在已经作古，与老一辈居里夫妇一起，长眠在巴黎附近梭镇基地了。第二次世界大战结束后，他们的后半生也是很有意义的。由于在政治上站在进步的方面，尤其是由于他们站出来组织保卫世界和平运动（包括支持组织“调查在朝鲜和中国的细菌战事实国际科学委员会”），反对军国主义的核武器政策，他们受到了极不公正的待遇，先后被剥夺了在法国原子能总署高级专员的领导职务，最后只能从事与原子能利用没有直接关系的高能加速器研制、生物物理研究和培养干部的工作，但因此却赢得了全世界科学界和广大普通人民的崇敬和爱戴。其实，即使像美国原子弹研制计划的主要负责人奥本海默（R.Oppenheimer），后来也受到了美国麦卡锡法西斯主义的迫害。应该说，大多数原子核科学工作者都是爱国的、进步的、关心人类命运的。

科学研究要有好的传统。或许，科学界最重要的好传统就是：学术与道德的统一。善良、正直、谦逊、实事求是、永远进取与创新、热忱帮助年轻一代、热爱祖国、关心人类的前途等，这些就是一个优秀的科学工作者的基本品质。这也是我从弗莱德里克·约里奥和伊莱娜·居里两位导师那里得到的最重要的基本教益。顺便说一句，我国历代的学者大都也具有高尚的品德，从来是讲究道德与文章并重，而且道德先于文章的。我觉得在这一点上，东、西方文化传统是类似的。

最后，做科学工作需要献身精神。有志于从事科学研究的人们，不独要摒弃金钱和名誉的追求，还把自己的全部精力都用在真理的探索上，牺牲许多常人物质生活上的享受和“幸福”，而且有时还要冒生命的危险。布鲁诺由于坚持真理而被烧死，高士其为研究病菌而终生残疾，原子核科学的先驱者们身体受到放射性的损害，这是大家所熟知的。（当然，最后这个问题由于保健物理的发展，目前已经相当安全了，“恐核病”是完全不必要的。）我国的许多原子核事业工作者，长期在条件十分恶劣的环境中艰苦奋斗，甘当无名英雄，即使在十年动乱中受到了骇人听闻的迫害和摧残（这一点迄今鲜为人知），仍然义无反顾，甘心为祖国的繁荣强盛而继续在艰苦条件下奋斗下去。我认为这种牺牲精神是值得人们敬佩和学习的。

科学技术的发展进程，具有巨大的“加速度”，确实是越来越快了。现在一年的工作，抵得上过去几年甚至几十年。尽管如此，从长远来看，近代科学还只有短短几百年的历史，人类可能还处于“蒙昧时代”（多少年后的子孙们大概会这样看待我们今天的时代吧）。今后的发展肯定会远远超过以往。不知有多少新现象、新事物等待着人们去发现，去创造，去应用。年轻的朋友们，世界是属于你们的，科学是属于你们的，美好的未来要由你们去实现。愿你们努力奋斗！

科学家与探索发现

我们这本书选文的写作者都是一些卓有建树的科学家。也就是说，这些人的生命与创造本身，也许比之于这里介绍的文章更有意思。

所以，有时候，便免不得要先来介绍写文章的这个人。

这次介绍的这个人是我国著名的核物理学家，大名是钱三强。这是一个所有中国人都应该记住的名字：钱三强。钱的父亲是写文章为生的名教授钱玄同，钱老前辈的文章不是风花雪月、剑仙剑侠，而是在“五四”时期发出批判旧礼教，提倡新文化的黄钟大吕之声。在中国文化史上与陈独秀、鲁迅和胡适等人比肩而立。

也许正是由于受了其父的影响，1928年，15岁的少年钱三强，读到了孙中山先生的《建国方略》，文中所描绘的未来中国建设蓝图，深深震动了这位少年学子的心灵，他立志要考上南洋大学（即今上海交通大学），当一名工程师，为实现孙中山先生为全中国人描绘出来的美好未来贡献自己的力量。当时，他所就读的孔德学校用法文授课，而南洋大学使用的则是英语课本。因此，他先进入北京大学读预科，提高自己的英语水平，再报考南洋大学。

在北大上学期间，除了专心学习英语，他对近代物理与电磁学产生了越来越浓厚的兴趣，并于1932年改变初衷，投考清华大学学习物理。六十年后，钱三强已经是一位蜚声中外的核物理学家，回想当年的情形，他写道："在年轻人的心目中，诱人的事情总是那么多，时常让你眼花缭乱。原子核科学就是一个非常神秘而诱人的学科，尤其在20世纪30年代，正是该学科发展最激动人心的年代。我正是在这个时刻同原子核科学结了缘。"

1937年，钱三强跨出国门，考取了著名核物理学家约里奥·居里的研究生。开始在居里夫人的科学家女儿与女婿的领导下从事长达十一年的核物理研究工作。

钱三强于1948年回国，一年后，新中国建立，钱三强出任新建立的中国科学院近代物理研究所副所长、所长。从此，他呕心沥血，终于在中国开拓出原子能研究与利用的一片崭新天地。最令人鼓舞的成果，当然是原子弹与氢弹的成功研制了。由此，一位科学家成为一个科学机构的建设者，一个伟大的科学事业的天才的组织者。

钱三强与中国所有富于责任感的知识分子一样，深深知道在中国这片科学精神贫弱的大地，一方面需要一些崭新学科的深入研究，同时，科学家也承担着向广大民众普及科学常识，激发科学精神的重大责任。所以，他在完成研究与科学界的领导组织工作的同时，还撰写了相当一批数量的科普文章。这里介绍给大家的正是钱三强先生所从事的科学领域中最重大的发现与这些发现给予他的特别启示。其中人工放射性的发现正是他在巴黎学习时的导师约里奥·居里夫妇对于人类的杰出贡献！约里奥·居里夫妇还因此获得了1935年的诺贝尔化学奖。

今天，我把这篇文章介绍给广大读者朋友，重读这些文章，对为人类知识宝库增加了新知卓见的科学家的敬意油然而生。毫无疑问，钱三强先生也是这个优秀行列中必然的一员。少年钱三强是因为读了一篇文章，而在青春情怀中萌发了科学救国的最初愿望，在科学领域中的卓越建树使他完成了自己伟大的一生，同时也为新中国的强盛作出了巨大贡献。也许，在今天的读者中，也有人会因为我们所刊发的文章的激发，而成为伟大的科学家，那将是我们最大的宽慰与最良好的祝愿！

附记：

前两回曾在这个栏目中为了读者调查结果中，为这个栏目好像并不太受读者欢迎，而发出过惋惜的声音。

之所以惋惜，绝不是说作为刊物的主持人，同时也作为这个栏目的主持人，为了自己刊物中一个不成功的栏目而感叹。而是为了我们的读者——一代决定中国将来命运的读者而感叹。这个栏目肯定艰涩了一些，但是这个世界上有多少东西又是明明白白存在于那里的呢？我们的人生，还有这个世界的构成，都有许许多多远比这些文章深奥得多的秘密等待着探索与发现。再者，在当今的世界格局中，在我们的人生旅途上，有什么真正有价值的东西，是轻易便唾手可得的呢？这个世界上，如此轻易可得的，只有大堆大堆的垃圾，这是我们的青年学生们必须明了的。所以，当这一个月来，许多支持这个栏目的读者终于浮出水面，写来大量的信件，还有人推荐文章的时候，我又感到了深切的安慰，谨在这里向这些不能一一罗列姓名的读者表示衷心的感谢。

科学需要普及吗

[美] 安·德鲁扬　周惠民 周玖 译

科学需要普及吗？这是一个令人悲哀的问题，是自从科学诞生不久就困扰我们文明的一种危险疾病的征象。在苏格拉底这些哲学家以前古希腊那最早的一批著名科学家，我们提出几位，如德谟克利特（Democirtus）、恩培多克勒（Empedocles）、希波克拉底（Hippocrates），他们只留下一些支离破碎的资料。但他们是一群普通人的形象。他们造过什么东西的手都很脏。我在想象恩培多克勒，还有他使用厨房用具和管件碎片所发明的实验方法。他们从中自得其乐（特别是德谟克利特），而并没有把自己看成是跟人民相脱离的科学教士的精英。他们这些工匠都急切地想要弄清楚，自然究竟是怎么运作的。他们最敏锐的工具可谓是革命性的观察，希波克拉底对此有一个最好的表述：人们认为癫痫是神圣的，因为人们不清楚它确切的病因是什么。但我们总有一天会懂得癫痫的病因的，那时我们就不会再将它奉若神明了。这便是所谓的未知之神。

如果我们把所有搞不清楚的东西都归于神圣的话，那么上帝就代表了我们所不知道的所有事物，但这并不能适当地解释我们所不知道的那些事物。如果我们系统地努力地去探寻，倒有可能充分地揭开那些自然之谜。这的确是科学方法的源泉和灵感，也是卡尔利用他相当好的天分来进行交流的价值。

但是，“科学属于每一个人”这个民主概念，以及“科学是正常人对客观现实的反应”这种态度，却早就消失了。你可以探究自然以及查明事物相互间的联系，这些理念早已受到了歪曲。科学已经成了有钱有奴隶的人的私产，这些有钱人懒得真正去做实验，只想靠在躺椅上，发表对天上的结构的看法。人们设想应该分成两类，一类是少数有幸被挑选出来，能够了解自然之优雅和自然之美妙的从事科学的人；另一类是其他的人，正是这些人的劳作使得前一类人能够过上悠闲、冥想的生活，但不知为什么他们却没有资格获得这些知识。

我愿意为此而给柏拉图多一些责难，这可能并不完全公平。那种认为只能在雅典娜神庙里，或在某些跟外部世界相隔离的寺院里才能够进行思考的念头，正是我们今天提出“科学是不是应该普及”这个问题的理由。正是我们以为科学与人类活动完全分离，这是一个严重的错误。

在产生科学的同一些地方，在许多同样的头脑里面也产生了民主思想，它的理想是每一个人，或基本上每一个人，对所发生的事情都应该有发言权，而不是任人摆布。我认为这是生物学意义的一个发展。我们是灵长类，热衷于等级制度，在千百万年里已习惯于让一个粗暴、乖戾的男人去做大多数决定。在公元前约5世纪的时候，有一些人忽然感到：这样的安排他们再也无法接受了。

很久以前，科学就和民主走在了一起。它们有许多共同之处：它们都依赖于思想的自由和表达的自由。权威的论点无足轻重。只是由于某个有权人说某件事情是真的，并不能使它为真。自由交换意见是这两个系统的生命源泉。

在很难说做到了民主的社会里，我们的的确确取得了科学技术上的巨大进步。我们能够在没有民主时拥有科学，但我怀疑在没有科学时我们能否拥有民主。如果民众对科学方法、科学定律和科学语言一无所知或知之甚少，如何能够在一个完全依赖科学和高技术的社会里成为有见识的决策人呢？如果科学只属于少数人，那么大多数人如何去认定那少数人所担负的责任呢？杰斐逊（Thomas Jefferson）对此曾不无忧虑地说过：无知和自由兼具者，过去没有，将来也不可能有。

那么，该不该普及科学呢？你也可以这么提问：我们要不要民主呢？

科学是我们必不可少的探查骗人鬼话的工具。为什么？因为作为一个物种，我们最大的力量也是我们最大的弱点。我们有想象力，但也会撒下弥天大谎。只要有机会，我们就自欺欺人。我们说谎、造假以保住权力，也使别人不能获得权力；还要使自己感觉有所特殊，能将恼人的死亡焦虑推开。我们总是惧怕自己不是中心，惧怕没有疼爱我们的父母照应、保护我们，在我们感到胆怯的时候帮助我们。我们至今还不能接受我们的真实情况：我们实际上是无法理解的茫茫宇宙中的一个微小存在。

这种自欺欺人的倾向意味着，我们需要一个机制来使我们保持诚实，需要有个声音在我们耳边轻声地说："小心一点，你们现在还很年轻，你们还很无知，你们作为一个物种还是很近的事情。过去你们曾经相信这是真实无误的。你们错了，你们后来可能发现实际上是另外一种情况。”在我们的头脑里需要有那种声音，那个声音就是科学。你不要把你自己的价值、幻想和期望强加给大自然，因为大自然可能比你最好的想象、最好的梦想要复杂得多。你应该知道它是如何构成整体的。是的，科学真的会使人变得谦卑。可我知道，科学常常被看成是自负的，许多从事科学工作的人是自负的，但科学最大的力量就在于使人变得谦卑，那些知识、那些自知之明使我们不得不避免说假话的倾向，并且认识到所说的真实情况有时实际上是假话。

目前，对于科学有很多的不满：我们不应该把科学理想化，因为它以太多的方式成了瞄准我们脑袋的武器——那不是为了人类的福祉，不是为了使这个星球成为更好的居住场所，或者成为更人道的地方。科学最坏的罪行大部分是秘密进行的。没有知情的选民们讨论过这些决定。公众对科学的不信任已经比较普遍，这是竭尽全力要在公众之中普及科学的另一个迫切原因。

我想多少要谈一谈这样一个人——我认为他在向公众普及科学这场战斗中作出了最大的贡献……我有幸在卡尔·萨根绕行太阳 60 次之中陪伴他同行近 20 次。自从《宇宙》节目首次播出以来，我无数次看到（直到现在仍是如此）有人在街上走过来对他说：“萨根博士，是你使我成为科学工作者的”；“萨根博士，过去我喜欢科学，可在我读了《检阅》杂志上面那篇文章以前，从来也没有想到我能够弄懂它”；或者“我看了《宇宙》的电视片”，或“我读过你的一本书”等。他们因为自己从事的职业、自己希望从事的事业而感谢卡尔。还有一个使我特别感动的情节：“你使我意识到我是自然界构成和宇宙中的一个部分。这是我渴望能够在教堂里获得的感觉，但我从来也没能在那里获得过。”我还常常想到在首都华盛顿联合车站的一位搬运工，当卡尔要给他小费的时候，他不要，说：“萨根博士，把钱收起来吧。你把宇宙给了我。现在让我为你做点什么。”

但卡尔对教育的努力并非只限于广大公众。我很骄傲地记得：在里根、布什的“星球大战计划”歇斯底里鼓噪到高潮的时候，在面对国防部众多的佩戴勋章的将领的时候，在面对那些眼睛瞄着钱的贪婪的投标人、合同商的时候，卡尔所表现出来的勇气。在虎穴里，他和这项政府计划的负责人亚伯拉罕森将军争论。我觉得在那个大厅里，可能只有我才是一副友好的面孔。卡尔毫无惧色，既不发怒又不带偏见，不恐吓，也不在意反对者的任何敌意，恰当地揭穿了“星球大战计划”的虚伪。从随后大家起立、鼓掌这一点看，就知道这是一个惊人的成就。

我还要提到卡尔创造的另一个奇迹。在20世纪80年代，他被叫去阿肯色州，为在学校讲授进化论而到法庭作证。作证是在纽约的一家法律事务所进行的，在质询人中有一位是来自小石城的创世论者。大约一年后，卡尔接到这个人写来的一封长长的感谢信，说卡尔的确太有说服力，他无法再真诚地相信并推广创世论了。他已经辞去了和创世论者有关的专职，而到一个私立学校去教进化论了。

我仍记得第一个在太空行走的人列昂诺夫（Alexei Leonov）将军，于华盛顿介绍卡尔在太空探索者协会做演讲的那个时刻。这个协会是世界上最排外的一个协会：你必须在宇宙空间里飞行过方才能够入会。“大家是否知道我们欠卡尔·萨根多少债？”列昂诺夫问道，“他去了莫斯科，到了那个中央委员会，跟他们谈核冬天。在人离去之后，总参谋部的一些人说：‘好了，是不是一切都了结了？核军备竞赛已经没有意义了，是不是？我们不能再这么做下去了。大规模报复已经不再可靠了。它对我们所珍惜的东西的危害太大了。’”卡尔不知疲倦地把核冬天的事实和含义告诉大家，足迹遍及核防御局、国家战争学院、各军种的军校、中央情报局、参谋长联席会议的参谋们的集会、国会的一个不公开的特别会议……

卡尔所从事的是一个协调全世界的运动，他要让潜在具有核武器与没有核武器的政府和公民知道：在热核战争中，我们会输掉什么。他向瑞典、印度、法国、希腊、加拿大、坦桑尼亚、新西兰、墨西哥和阿根廷等国家的政府首脑以及教皇保罗二世作过说明。他对多个国会和参谋会议做过演讲。他在日本做过系列谈话并接受采访。他还写了一份附有 98 个诺贝尔奖得主签名的呼吁书，发送给所有潜在具有或实际已经拥有核武器的国家，要求立即停止核军备竞赛。

有一件事让我们从卡尔身上看到了同样的精神：1965 年，他不顾他的科学界和政治界同道们的劝阻，退出了空军科学顾问委员会，以抗议美国在东南亚的行动：在 20 世纪 80 年代，他和我在内华达州核试验基地组织了三次最大的公众抗议，反对在苏联暂停之后美国继续地下核试验。在卡尔的一次充满激情的演讲中，他们居然又进行了一次核试验。他还曾两次被捕。

我们这个社会最伟大的革新之一，也是我们最美好的一种理想，就是让我们社会的每个成员都能够懂得自然界和宇宙的一些事情；而康内尔这所大学，就是由力图实现这个理想的人所创建的。他们说，每一个农民，每一个银行家，我们社会里的每一个人，都必须了解我们的宇宙。我们是民主国家，这意味着：不仅是位居高位的人，不仅是有钱的人，我们所有的人都是决策者。所以我们都需要很好地理解宇宙是如何组合在一起的。如果我们希望有个能起作用的民主制度，如果我们希望能够保持住我们所拥有的一点自由，我们就必须是发现、戳穿谎言的实际行动者。从很多方面来说，康内尔这里和美国其他的一些地方带了个好头。可近来，我看到了不少我们正在放弃这种理想的征象，我们正在放弃我们的公立学校，我们正在放弃我们的城市，我们正在放弃我们之中一无所有的那些人，并且说：是的，那里可能有一类人，让他们为我们做好些繁重脏活吧。他们为什么要受教育？别教育他们。他们为什么要懂科学？是的，如果我们放弃了那最初的理想，我相信我们就会成为另一个死亡的帝国，这种帝国已经为数不少了。

科学要对许多罪恶负责，我们的社会亦如此。它也像是民主概念本身，是不完美的，但此外我们还能做些什么来阻止我们自己最坏的那些部分，以及那些难以驾驭的倾向冒头呢？是它们使我们蒙受耻辱，并且给我们所珍视的事物带来了极大的破坏和杀戮。我们还能做些什么来防止我们重蹈覆辙、犯下这些罪恶呢？你是个极好的教师，卡尔，昨天发言的学生，有力地证实了美德、雄辩、正派、体面等人类最佳方面的全部。昨天我看到了你所教授的不止是这些学生，而且还有这个星球上很大一部分人民，你教给他们科学真的应该是什么样子。

有一个广为流行的假设，认为在出众的科学前程和人的个性发展之间，有个成反比的关系。然而卡尔在这方面又是一个例外。我愿意对卡尔的父母表示敬意。虽然他们都已经过世，但他们对今天的卡尔仍有着巨大的影响力。在座发言的人中，默里已经说道，“这个人能够忍受很多的惩罚，可他继续进行战斗。”我知道他打哪儿得到了这种意志，因为我了解拉斐尔·格鲁伯·萨根（Rachel Gruber Sagan）。她是一个意志极为坚强的人，她很喜欢卡尔，也很信得过他。所有认识他父亲萨姆·萨根（Sam Sagan）的人都说他有魅力；他是我认识的最讨人喜欢的人。我看到卡尔的妹妹卡莉·萨根·格林（Cari Sagan Greene）在这里，她正在点着头说“是的”，因为她知道这一点不假。在卡尔的父母与今天在座的我的父母哈里（Harry）和珀尔·德鲁扬（Pearl Druyan）之间有着十分明显的相同之处，我以他们为荣。我觉得我和卡尔之间互相有着深切亲和力的原因之一，就是因为我们幸运地拥有如此真诚的父母：他们认真地负起了自己的责任，成了连结几代人的坚强环节。

我还要谈到卡尔的孩子们，他们今天都已到会：他的大儿子多里昂·萨根（Dorion Sagan），一个有天分的作家，是10岁的托尼奥·萨根（Tonio Sagan）的父亲：托尼奥（Tonio）这个颇有禀赋的艺术家，就像阳光在闪耀。多里昂写了不少书，其中很多与科学相关。他的经常性的合作者是他的母亲林恩·马古里斯（Lynn Margulis），她今天也在座，我们也以她为荣。林恩是一个非常勇敢的人，也是一位极为优秀的科学家。还有杰里米·萨根（Jeremy Sagan），他已经在世界上留下了自己的印迹。他是一个领先的为作曲家使用的电脑程序的开发者，他把科学和艺术融合到了一起。杰里米现在在康内尔上学，一直是个全优的学生。再说尼克·萨根（Nick Sagan）。他才20岁出头，但是已经写出了《星际旅行》这部电视系列片的两集。刚满22岁就被聘为收益不错的剧作家，这是很不一般的。我们12岁的女儿萨莎·萨根（Sash Sagan），在写作和表演方面也很不错。她在上次的数学测验中得到了109分，她的正直、她对真理的热爱、她那探寻事物真实面貌的激情，跟卡尔的性格真的很相像。萨姆·萨根（Sam Sagan）现在只有3岁，所以现在我们还不知道他将来会是怎样，但即便是在这么小的年纪，他的好奇心、智慧、顽强、执着和独创性都已经显露出来；我们把这些都看成是萨根的标志。

我想说个故事来作个了结。那是在电视系列片《宇宙》刚开始播出的时候，卡尔和我因乘飞机到了肯尼迪机场海关。大家知道在这样的场合自己会是怎样的心情，即便你毫无瑕疵，你也总是抱有这种感觉：我是不是看上去挺紧张？是不是脸上感觉僵硬？是不是笑得不太自然？我们在队伍里排着，突然间一个海关人员盯住了卡尔："请把护照给我看看好吗？"他拿到护照后又说道："好吧，萨根博士，请跟我来。"卡尔和我都在想，我们都做了些什么？我们的香水报没报关？这里是怎么了？那位海关人员叫来了另一个人，我们猜他是个督导。不好，今天下午会变得又长又难受。他俩私下嘀咕了一下，然后向我们走来，说："萨根博士，我们两人觉得你对柏拉图不够公平。我们知道你喜欢前苏格拉底哲学，这没有什么，我们也喜欢。但我们也该提一提柏拉图的那些伟大的成就，他和亚里士多德是可以放到一起来考虑的。"

当我们没有低估人，当我们尊重人们和他们的智慧；当我们愿意和他们分享我们感到最有意义、最使人兴奋，也使你最为振奋、激动的思想的时候，这就是可能会发生什么情况的另一个迹象。

科学是不是要普及？为回答这个问题，我想仿照《圣经·申命记》中的一段话相应地解说一下：……要殷勤教训你的儿女……无论你在家里，行在路上……戴在额上为经文……不可只将其收藏为轶事或动人的故事，而要将它作为深思的方法并将它带往各地。

面对其他人在这方面做得更为有效的一个人……面对我所了解的最为勇敢、最为正派的一个人，面对给了我所有欢乐的一个人，我要说祝你生日快乐。

对一位科学教育家的纪念

1994年10月14日，康奈尔大学举办一个以个人为专题的讨论会，为一个教授庆祝60岁生日。结果，有三百多位科学家、教育家从世界各地前来参加。

这位先生60岁时，人类的太空时代已经展开37年了。但是他的一位科学家朋友说：他这60年生命，其实全是为太空时代而存在的。因为自从有了太空计划，他便在其中扮演着相当重要的角色。他曾经为“阿波罗”登月计划提供建议。还参与了“水手号”“海盗号”“旅行者号”和“伽利略号”行星探测的设计工作。他依据温室效应原理，揭开了金星高温之谜。他还成功地解释：火星上的季节变化是由大风刮起的尘埃所致；土卫六上的红斑是因为其大气中存在着有机分子。他还组织并鼓动寻找外星智慧生命计划。

所以，他是当之无愧的太空科学家。

他也是优秀的科普与科幻作家。喜爱科学的读者可以读到他中文版的《宇宙》《魔鬼出没的世界》和《暗淡蓝点》。当然，这些在国外数十次印刷的有关科学的畅销书，在中国的命运并不见佳。这是有关中国公众科学意识强弱程度的话题，在此只好打住不说。住口不说，心里却又泛起莫名的悲哀。

大多数科幻迷可能都知道一部科幻大片《接触未来》，这部言说探索外星智慧生命故事的电影，正由他的长篇科幻小说《接触》改编而来。

是的，或许你已知道，这个人叫做卡尔·萨根。在他60岁生日庆典的时候，《接触》正准备改编为电影。等到电影上映时，卡尔·萨根已经走向他生命的终点。1996年的最后一个月，萨根离开了这个他所热爱的世界。

他永远离开了，但他的书与他相关的书，仍然相伴在左右。其中一本叫《卡尔·萨根的宇宙》。这本书便是庆祝他60岁生日的讨论会上，科学家们精彩演讲的结集。这本书的出版，是对一位科学家，更是对一位杰出的科学教育家满怀敬意的纪念。

现在所选的这一篇《科学需要普及吗？》的作者安·德鲁扬是卡尔·萨根的人生伴侣，所以，她说："我有幸在卡尔·萨根绕行太阳60次之中陪伴他同行近20次。"也就是说，在那次庆典上，她与卡尔·萨根生活已经近20年了。20年中，她从一个无比接近的距离了解、观察，然后结合一个人的命运与创造来思考，写出了一个人，也写出了科学如何在世界与人群中普及，并放射出它美丽的光辉。

爱是一种优势策略

[美]西尔维亚·娜萨　王尔山 译

我第一次听说《美丽心灵》即将搬上银幕时，是在去年春天。当时的新闻重点放在拉塞尔·克罗身上。当然了，克罗刚在3月凭借《角斗士》获得奥斯卡最佳男主角奖，影迷们很想知道他的下部影片会是什么。纳什的故事反而成了陪衬，只是一笔带过。

2001年11月25日，影片《美丽心灵》在美国公映，获得好评，甚至有人大胆预言本片可以帮助克罗再夺“小金人”。不过，从电影公司发布的资料来看，影片有意离开传记的轨道，带给人们一个并不真实的纳什形象。制作该片的环球公司将它列为“剧情片”，而导演朗·霍华德在接受采访时明确表示，这不是行内所说的“传记片”，换言之，这是一部虚构作品，只不过有些地方约莫暗合纳什博士的生平轨迹而已。

看过传记的读者只要看看剧情梗概，就会发现两者确实存在很大区别。比如，纳什博士为什么会在其风华正茂之年突然罹患称为“精神癌症”的精神分裂症，这个关键问题迄今尚未得到圆满解释，影片却通过创造一个来自国防部的情报人员的角色，暗示说纳什博士卷入了情报工作，由于承受不住压力而出现精神崩溃，怀疑到处都是心怀不轨的人。

库恩教授曾说，不要相信那部影片，那不是真实的纳什故事。剧情梗概证明了他的说法。再说，无论剧本是不是忠实于传记，我仍然怀疑，哪怕电影公司多么不惜工本，新科影帝多么努力，这世上有没有人可以真实再现这个曲折的故事。在我看来，影片从将女主角变成女配角的一刻就偏离了方向，因为本书虽是纳什博士的传记，作者却将此书题献于纳什博士忠实美丽的妻子艾利西亚·纳什。

为什么?

因为艾利西亚作为一个美丽优雅如温室兰花的无忧无虑的天之娇女（麻省理工学院物理系同一年级仅有的两名女生之一），在新婚不久突然发现丈夫罹患精神分裂症、而自己的第一个孩子又要出生之际，没有两手一甩跑回妈妈身边撒娇，而是表现出钢铁一般坚定的意志。正是这种意志支撑她走过丈夫被禁闭治疗，自己孤立无援的日子，走过惟一的宝贝儿子同样被诊断罹患精神分裂症的震惊与哀伤，默默承受；而她的英雄崇拜式的一见钟情也经受住严酷的考验，虽然发病的丈夫压倒坚持要跟她离婚，法院也判决同意他们离婚，她却在他最彷徨无助，就要流落街头的危险时刻收留了他，嘴里说他只不过是“房客”，却处处为他着想，从不对他提任何要求，反而主动搬回远离尘嚣的普林斯顿的一所简陋小房子，目的是让丈夫离他熟悉的学术圈子再近一些，希望昔日同窗的探望以及和谐宁静的气氛有助于稳定丈夫的情绪……时光转过漫长的半个世纪，她无与伦比的忠贞爱情与耐心终于换来同样无与伦比的奇迹：和她的儿子一样，纳什博士渐渐康复，并且获得迟来的荣誉，成为

1994年诺贝尔经济学奖得主。

纳什博士的故事如此刻骨铭心，以至于我会独自前往普林斯顿；及至真的到了这个地方，走过书中早已熟悉的拿骚大街、范氏大楼，却又觉得自己来到这里真是难以置信，更没想过要去晋见那一个人。

这是一种什么样的感情？记得一个女孩子在堕入爱河的时候这样回答别人的询问：假如你没有爱过，我没法跟你解释；假如你爱过，我就不必解释。套用这个格式，我大概也可以说，假如你没有读过《美丽心灵》，我没法解释；假如你读过，我就不必解释。

我父亲在和他的朋友钱颖一教授谈起这本传记的时候得到启发，用这样一段话概括纳什博士的曲折经历：

数学家把正无穷大和负无穷大视为一个无穷远点，从而把无限伸延的实数轴结合成一个圆周，获得数学上宝贵的紧致性，即有限可操作性。如果把天才看作是正无穷大，那么白痴离负无穷不会太远。纳什就是这么一个生活在无穷远区域边沿的人。推一推，他就掉下去了，将永远不能回来；拼命拉他，却未必能够把他拉住。现在，他终于回来了，那只能是爱的奇迹。

爱的奇迹。

然而想起艾利西亚以及他们身边的忠实朋友和支持者，正是这些人的热爱换来了纳什康复的奇迹。

也是机缘巧合，虽然我即便去普林斯顿也没敢有拜访纳什的念头，却在拜访迪克西特教授的时候，发现他正是纳什的朋友之一。

迪克西特教授机敏风趣、平易近人，对我不敢拜访纳什博士的胆怯心情感到惊讶。他说纳什博士其实和其他学者没什么两样，他们两人经常一起参加经济学系的研讨会。当我问他有没有计划访问中国，他立即皱起眉头，夸张地说他受不了长途旅行的折腾，但我后来发现，2000 年 6 月，正是他陪同纳什博士远赴希腊，参加雅典大学授予纳什教授荣誉学位的典礼，并发表满怀敬意的演讲。

而在我要翻译的著作中，迪克西特教授引用英国桂冠诗人丁尼生的诗句：T'is better to have loved and then lost than to have never loved at all.（爱过而后失去总比从未爱过更好）“换言之，”他写道，“爱是一种优势策略。”

什么是优势策略？简单地说，在一个博弈中，无论对手采取什么策略，你若有几个策略，而其中一个策略可以使你得到比采取其他策略更好的结果，那么这个策略就是你的优势策略。按照迪克西特教授总结的法则，假如你有一个优势策略，请照办。

不知为什么，我看到这里，就想起迪克西特教授的真情演讲，想起纳什博士的传奇故事。

爱的奇迹。

也许纳什的故事就是一个生动例证，表明在人生的漫长博弈当中，无论命运对我们采取什么策略，疾病或其他挫折，献给爱人与朋友的忠贞之爱将使我们得到比采取其他策略——比如抛弃病人或自暴自弃——更好的结果，爱是我们的优势策略。

一个险被埋没的动人故事

叩遍这个世界芸芸众生的心灵，你会发现，他们中的大多数人都愿意相信，这个世界上的科学巨匠和那些一流的艺术家一样，都是一些天赋异禀的人物。他们命定了应该有传奇的经历，更有常人不能想象的情感与思想历程。甚而至于，他们都是一些生活在特别梦境中的怪异之人，都是一些濒于疯狂的天才。牛顿坐在苹果树下，灵感突至发现万有引力的情景，像是佛经中所传诵的释迦牟尼的悟道的情形。而释氏当初的举止与行状颇类于今天的行为艺术家。诺贝尔物理学奖的得主费曼，本身便有许多屈从于生命冲动的艺术实践，他作画，他在乐队中充当不知疲倦的鼓手。

当然，很多时候，科学家还是理性的化身，不像艺术家那么容易走向凡·高与高更般的疯狂。但很多人确实在猜想，至少是有些科学家会濒临疯狂。于是，科幻小说与科幻电影中，因发明的冲动而理性失控的科学家便大量出现。而且，这样的科学家形象，在人类历史上第一部科幻小说中便已出现。所有这些未来寓言都告诉我们：科学家的情绪失控将比艺术家的理智缺席更为可怕。艺术家的疯狂行径使其作品伟大，使其自身可怜，而对社会却大多是无害的。但手握先进技术这柄双刃利剑的科学家就不一样了，他们小小的情绪失控都可以给整个人类带来巨大的灾难。

但是，现在一个叫纳什的数学家出现在了我们眼前。他的出现，除了证明数学思维的伟大，除了证明人的巨大想象能力与创造之外，也证明了失去理智的科学家的癫狂除了对自身与亲人的伤害，也可以不给这个世界带来破坏。

纳什这个生活在普通人中间的数学家，大多数时候，都沉溺在数学的世界，而更大多数的时候，更是生活于一些荒唐的想象世界里。当他沉溺在数学世界里时，这个世界上还有许多数学脑袋读得懂他。当他进入自己那个病态而无羁的想象世界时，只有亲人的爱懂得他，包容他。

毫无疑问，这是一个动人的，也是富于启示性的故事。在这本感人至深的传记中，传记作家逼真地为我们再现了一个数学天才的一生。传主纳什在年轻时便因在博弈论方面杰出的贡献，其名声如日东升，但就是在这样的大好时光里，他遭遇了可怕的精神分裂，不得已辞去大学教职，沉浸在一系列奇怪的幻想之中。传记中这样写道："最后，他变成游荡在普林斯顿大学一个满怀忧伤的幽灵。往日那个才华横溢的研究生，如今衣着怪异，自言自语，在黑板上留下稀奇古怪的信息，年复一年。"然而生命的奇迹，在爱的感召下发生了，纳什从癫狂中苏醒，并于1994年获得了诺贝尔经济学奖。但这本传记在中国出版后，并未引起应有的反响，就像很多并不动人的故事会四处流传一样，这动人的故事却被埋没了。

还是改编自这本书的好莱坞电影，一部尚未在中国上映的、获得奥斯卡奖的好莱坞电影，才把部分公众的目光吸引到了这本书的身上。出版社才又因此加印了几千册。第一次印刷的书，是《电脑报》总编辑陈宗周从重庆特意带到成都来借我一观。也是因为电影获奖的机缘，今天才有同事把加印的书送到了我的案头之上。全书早已读过，但还没有找到一种恰当的方式与大家分享，再次翻阅这本新书，最后是译者王尔山先生为本书重版所写的后记吸引了我的目光，现在，便以此文与大家共享，并希冀以节选的此文引来更多读者对本书，对一个不平凡人物的人生轨迹的关注目光。

启示一切的女士

[美]阿尔·戈尔　胡志军 译

作为一位被选出来的政府官员，给《寂静的春天》作序有一种自卑的感觉，因为它是一座丰碑，它为思想的力量比政治家的力量更强大提供了无可辩驳的证据。1962年，当《寂静的春天》第一次出版时，公众政策中还没有“环境”这一款项。在一些城市，尤其是洛杉矶，烟雾已经成为一些事件的起因，虽然表面上看起来还没有对公众的健康构成太大的威胁。资源保护——环境主义的前身——在1960年民主党和共和党两党的辩论中就涉及了，但只是目前才在有关国家公园和自然资源的法律条文中大量出现。过去，除了在一些很难看到的科技期刊中，事实上没有关于滴滴涕及其他杀虫剂和化学药品的正在增长的、看不见的危险性的讨论。《寂静的春天》犹如旷野中的一声呐喊，用它深切的感受、全面的研究和雄辩的论点改变了历史的进程。如果没有这本书，环境运动也许会被延误很长时间，或者现在还没有开始。

本书的作者是一位研究鱼类和野生资源的海洋生物学家，所以，你也就不必为本书和它的作者受到从环境污染中获利的人的抵制而感到吃惊。大多数化工公司企图禁止《寂静的春天》的发行。当它的片段在《纽约人》中出现时，马上有一群人指责书的作者卡逊是歇斯底里的、极端的。即使现在，当向那些以环境为代价获取经济利益的人提起此类问题时，你依然能够听见这种谩骂（1962 年的竞选中我被贴上了“臭氧人”的标签，当然，起这个名字不是为了赞扬，而我，则把它作为荣誉的象征，我晓得提出这些问题永远会激发凶猛的——有时是愚蠢的——反抗）。当这本书开始广为传颂时，反抗的力量是很可怕的。

对蕾切尔·卡逊的攻击绝对比得上当年出版《物种起源》时对达尔文的攻击。况且，卡逊是一位妇女，很多冷嘲热讽直接指向了她的性别，把她称作“歇斯底里的”，《时代》杂志甚至还指责她“煽情”。她被当做“大自然的女祭司”而摒弃了，她作为科学家的荣誉也被攻击，而对手们资助了那些预料会否定她的研究工作的宣传品。那完全是一场激烈的、有财政保障的反击战，不是对一位政治候选人，而是针对一本书和它的作者。

卡逊在论战中具有两个决定性的力量：尊重事实和非凡的个人勇气。她反复地推敲过《寂静的春天》中的每一段话。现实已经证明，她的警言是言简意赅的。她的勇气、她的远见卓识，已经远远超过了她要动摇那些牢固的、获利颇丰的产业的意愿。当写作《寂静的春天》的时候，她强忍着切除乳房的痛苦，同时还接受着放射治疗。书出版两年后，她逝世于乳腺癌。具有讽刺意味的是，新的研究有力地证明了这一疾病与有毒化学品的暴露有着必然联系。从某种意义上说，卡逊确确实实是在为她的生命而写作。

在她的著作中，她还反对科学革命早期遗留下来的陈腐观念。人（当然是指人类中的男性）是万物的中心和主宰者，科学史就是男人的统治史——最终，达到了一个近乎绝对的状态。当一位妇女敢于向传统挑战的时候，它的杰出护卫者之一罗伯特·怀特·史帝文斯语气傲慢、离奇有如地球扁平理论那样地回答说："争论的关键主要在于卡逊坚持自然的平衡是人类生存的主要力量，然而，当代化学家、生物学家和科学家坚持人类正稳稳地控制着大自然。"

正是今日眼光所看出的这种世界观的荒谬性，表明了许多年前卡逊的观点多么地具有革命性。来自获利的企业集团的谴责是可以估计到的，但是甚至美国医学协会也站在了化工公司一边，而且，发现滴滴涕的杀虫性的人还获得了诺贝尔奖。

但《寂静的春天》不可能被窒息。虽然它提出的问题不能马上解决，但这本书本身受到了人民大众的热烈欢迎和广泛支持。顺便提及一下，卡逊已经靠以前的两本畅销书得到了经济上的自立和公众的信誉，它们是《我们周围的海》和《海的边缘》。如果《寂静的春天》早十年出版，它定会很寂寞，在这十年中，美国人对环境问题有了心理准备，听说或注意到过书中提到的信息。从某种意义上说，这位妇女是与这场运动一起到来的。

最后，政府和民众都卷入了这场运动——不仅仅是看过这本书的人，还包括看过报纸和电视的人。当《寂静的春天》的销售量超过了50万册时，

CBS 为它制作了一个长达一小时的节目，甚至当两大出资人停止赞助后电视网还继续广播宣传。肯尼迪总统曾在国会上讨论了这本书，并指定了一个专门调查小组调查它的观点。这个专门调查小组的调查结果是对一些企业和官僚的熟视无睹的起诉，卡逊的关于杀虫剂潜在危险的警告被确认。不久以后，国会开始重视起来，成立了第一个农业环境组织。

《寂静的春天》播下了新行动主义的种子，并且已经深深植根于广大人民群众中。1964 年春天，蕾切尔·卡逊逝世后，一切都很清楚了，她的声音永远不会寂静。她惊醒的不但是我们国家，甚至是整个世界。《寂静的春天》的出版应该恰当地被看成是现代环境运动的肇始。

辨认自己创造出的魔鬼

我们所要谈的这本书叫《寂静的春天》。寂静，对于我们这些生活在喧嚣尘世中的人来说，来自自然的寂静是一种多么诗意的存在啊！但是，在写下本书的这个坚定而敏锐的女性，这位伟大的生物学家笔下，这个“寂静”却是死亡的同义语。她写道：

“这是一个没有声息的春天。”

“而现在一切声音都没有了，只有一片寂静覆盖着田野、树林和沼泽。”

女科学家所描绘的对象是数十年前的美国，她写作这本书的目的，就是探究“是什么东西使美国无以数计的城镇的春天之音沉寂下来了呢，这本书试探着给予解答”。知道一点生命历史的人都知道，在人类迄今为止的科学视野中，地球还是整个宇宙中惟一的生命载体。人凭借亿万年的进化之功，站立到了生命的峰巅，获得了可以雄视万物的智慧与能力。这个因此显得狂妄的生物，没有了对万物造化的敬畏之情，忘了自己这个群体中一个叫达尔文的说过，人所以在生物界获得万物之尊的地位，也是从细菌，到地衣，从久埋于岁月深处的化石，到今天保持着蓬勃生机的生命都告诉我们，人是古往今来所有生命合奏的交响曲中最辉煌的那个音符，最动人的那个乐章。而造化之手甚至在人类的胚胎发育中，重复生命进化的过程。早在18世纪的德国，一些生理学家就曾十分关注这一奇特的富于启示意义的现象。通过他们的研究发现，人的生命在母体的发育过程中，最初来自母体的卵是一个单细胞生物（像原生生物），以后变成一群细胞，就像是海绵（注意，海绵是一种海洋生物），这些细胞各自分裂增殖，胎儿慢慢长得像一个动物了，但不是人出生时的样子，而是长得像鱼，后来又生出尾巴，然后尾巴消失，这才有了人的模样。

这些人出生之后，学会了积累知识，又学会了通过各种各样的教育方式来传递知识。这些知识中有些是正确的，有些却极其错误。还有一些知识不好也不坏，往好的地方用，它是好的，往坏的地方用，它就是不好的；或者它为大多数人所用的时候是好的，但如果只是为少数人谋取不正当利益的时候，它又变成是坏的了。

而这个世界上，恰恰有很多有智慧的人组成了一个又一个集团，而一个又一个集团，都为了自己的强大与富有，而急功近利地去运用那些未经全面验证的新知识与新技术。所造成的结果是，参加了那个集团的少数人获取了利益与金钱，同时大多数人生存的那个空间被损毁了。卡逊看到了这一切。她说：“在人对环境的所有袭击中，最令人震惊的是空气、土地、河流和大海受到了危险的甚至致命物质的污染。这种污染在很大程度是难以恢复的，它不仅进入了生命赖以生存的世界，而且也进入了生物组织内，这一邪恶的环链在很大程度上是根本无法逆转的。”

她看到了这一切，更用了好些年的时间，去寻访一片又一片的森林，一个又一个的城镇，一条又一条的河流，去寻找千百年来用各自富于活力的歌唱使春天充满生机的生命消失的原因。她找到了原因：农药。一种为了保护一种或几种生物而杀死更多种类生物的科学制品。一位在今天的青年人中已经不再流行的英国诗人济慈说：是人创造了这个世界上所有与人自己作对的魔鬼。这句话是真理。人类甚至用科学的方式制造与自身作对的魔鬼。比如包括使卡逊的春天沉寂的许多破坏环境的东西，都是科学的制造。所以，很多时候，我们还要学会辨认人类自身制造出来的这些魔鬼。

但是，让人类面对真相总是十分困难的。这本书在 1962 年刚一上市，便受到了利益集团们疯狂的攻击。反对她的力量来自从生产农药获得利益的化学工业集团，也来自政府的农业部门。最后甚至是《时代周刊》等主流媒体和医学学会这样的学术机构也加入了对她的攻击。卡逊本人并未享受到科学家揭示出真理后的殊荣，反而在此书出版不久便因身患癌症而辞别了这个世界。她用自己的真知灼见，用自己挑战利益集团的勇气，和全部生命捍卫了这个世界。她的声音，她的行为，她所受的不公正遭遇，这才开始感动这个世界，使这个世界上的良知开始慢慢苏醒。正是来自民众的压力，最后迫使美国政府开始调查这本书中那些生物大规模死于农药的严重事实。

随着这本孤独的女人所写的书在世界的传播，一门更全面评价一项科学成就的科学，一门把保护我们周围的生命，保护我们生存环境的科学诞生了。“环境保护”这个词频繁出现在官方文件里，也频繁地出现在公共媒体上。但是，因为许多短期利益的驱使，半个世纪前在北美大陆上演过的一幕正在今天的中国上演。当年的美国，昆虫与群鸟死于保护树林的农药，河里洄游的鲑鱼死于保护玉米与小麦的农药，所以，当春天到来的时候，没有了昆虫们细弱而广泛的声音，没有了众鸟的歌唱，但是，草木却还繁盛，所以，那春天只是寂静。而我们当下的环境，连草木也没有了生存之地，于是整个北部中国的春天，都是滚滚黄沙中风的怒号。

所以，我向大家推荐这本书，这本一次次用不同的语言再版的“绿色经典”。

这次选发的戈尔为这本书所作的序言，其实也是一种推荐。戈尔的序肯定不是写于这本书最初出版的时候。他写下这篇序文的时候，不知道这本书在美国已经是第几十次印刷了。戈尔写这篇序言的时候，是克林顿政府的副总统，后来，他在与小布什竞争总统的角斗中以微弱的劣势败北了。但这篇序言真是一篇好文章。而且，更重要的是，他写这篇序言时，位居美利坚合众国副总统之尊，但他却这样写道：“作为一位被选出来的政府官员”，给这本书作序“有一种自卑的感觉”。因为，“思想的力量比政治家的力量更强大”。

而我们，今天的中国人，能把思想与科学放在高于政治与经济利益的位置之上吗？

《空间与人》——火星

[美]雪莉·格里菲斯

我是雪莉·格里菲斯。今天，托尼·里格斯和我继续讲述太阳系里各大行星的故事。我们来讲一讲素有红星之称的火星。

1976年7月，美国的一个无人探测器，海盗1号，到达了火星。

7月20号，探测器分离。它的一部分继续向火星的着陆地点接近，穿过火星午后的天空迅速下降。

在距火星40千米的高空，稀薄的空气开始使着陆器的下降速度减慢。在6000米的高度上，着陆器张开了一只巨大的降落伞，下降变得更为缓慢。然后，三只火箭发动机点火，着陆器在火星上进行了软着陆。

海盗1号上的一台电脑立刻向地球发出了消息，它说："我已到达。安全着陆。我将开始工作。"

这一消息以光的速度行进，20分钟走了3.2亿多千米，然后到达地球。守候在加利福尼亚州帕萨迪纳喷气推进实验室控制中心的科学家和工程师们发出了一阵欢呼。

几分钟后，控制中心的电视接收机开始播放海盗1号发回的首批图像，它们使我们看到着陆器的脚稳稳地落在了火星的红色土壤上。这些图像是我们第一次对火星进行的近距离观察，它们展现出火星的红色表面，上面岩石密布，看不到生命的迹象。这是我们对这颗充满了惊奇、神秘和希望的行星进行的首次观察。

几千年来，人们眺望着火星，心中充满了遐想。

古代的巴比伦人描写这颗在天空中缓慢运动着的红色星宿，他们用其战神的名字“内加尔”来为之命名。后来，古罗马人用他们自己的战神的名字“玛尔斯”来称呼火星。

大约在100年前，很多大型望远镜就开始对火星进行细致的观察。天文学家们看到，这颗红色星球的南北两端有白色的区域。他们看到了光线明暗变化的部分，它们也许是活的植物？他们看到火星表面有许多长长的纹路，它们会是运河吗？

很多科幻作家让他们的故事在火星上展开，他们的故事中充满了对各种奇怪生物的叙述。

20世纪60年代，天文学家们对这颗红色星球有了更近的观察。三个美国无人航天器水手号飞经火星南部拍摄照片并搜集情况。发现有关火星的很多流行说法都是错误的。

它们的照片显示，火星上没有植物和运河，也没有生命。火星看上去和我们的月球一样，死气沉沉，一成不变。

后来，1971年，水手9号航天器在火星周围进行了一年的环绕飞行，它探明火星的北部和南部极其不同。水手9号的照片表明，火星的北部在某些方面更像我们的地球，火星的这个部分看上去较为年轻，也许仍在变化。

水手 9 号发回的照片提出了很多新问题，其中最重要的问题也是最古老的问题：火星上有生命吗？火星上是否有过生命？

为了尽可能多地回答这些问题，美国国家航空和航天局安排了另一项无人探测计划——海盗计划。海盗计划包括两个探测器，它们于 1975 年发往火星。海盗 1 号于 8 月发射，海盗 2 号在 9 月发射。

每个探测器都由两部分组成：轨道飞行器和着陆器。轨道飞行器将围绕火星飞行，拍摄火星表面的照片和观察大气层。

着陆器将在火星表面降落，它将携带挖掘工具，对土壤和岩石进行研究，并报告火星上是否有生命的迹象。着陆器把这些信息发往轨道飞行器，然后再发回地球。

两个海盗号探测器成功抵达了火星，两个着陆器在火星北部降落。它们开始发回信息和图像，并一直持续了六年。两个海盗号轨道飞行器绘制了火星大部分表面的地图。

经过了水手号和海盗号的飞行之后，我们现在比过去对这颗红色星球有了更多的了解。我们到底知道了哪些东西呢？

火星上的一天比 24 小时略长，几乎和地球上的一天相等。火星有冰霜覆盖着的南极和北极，它们看上去和地球的两极相似。但冰霜是二氧化碳气体，而不是由水冻结而成的。

火星上的一年为 687 个地球日。这是火星围绕太阳旋转一圈所需的时间，几乎是地球一年的两倍。

火星有两个很小的卫星：火卫一和火卫二。它们以很高的速度围绕火星旋转。火星有粉红色的天空、起伏的山峦和巨大的岩石。它的土壤被氧化铁所覆盖，使火星看上去是红色的。

火星的大气极其稀薄，大约只有地球大气层的 1%。火星大气中的 95% 是二氧化碳，以及少量的氢气、氧气和氩气。它包含所有的元素，其中包括水，而水，我们知道，是生命的必要条件。

大气层稀薄意味着火星十分寒冷，冬天南北两极的温度低达零下 120 摄氏度。

大气稀薄促使狂风肆虐，飞沙走石。时速为 270 千米的狂风在火星上数月不息，这种风暴通常在每年的同一时刻出现。

火星上飘浮着薄薄的云彩，它们由冻结的水和二氧化碳组成。风暴和云层似乎和科学家经常在火星上看到的明暗变化的区域有关。

海盗号轨道飞行器发现，火星南部的大部分地区布满了古老的洞穴或环形山，环形山是陨星撞击火星所造成的。火星的南半部似乎自火星形成之后就没有改变过，而北半部看上去较为年轻，仿佛是在不断地发生着变化。

火星北部有很多巨大的火山和峡谷，最大的火山是奥林匹斯火山，有 25 千米高。火星的北部比南部平坦许多，它被以前从火山中流出的熔岩所覆盖。

火星的北部也有峡谷，它们可能由水冲刷而成。如果事实如此，那么火星以前曾一度比现在温暖和潮湿。

为了寻找生命的迹象，海盗号的两个着陆器对火星的少量土壤进行了研究。它们虽未发现任何证明现在或过去有生命存在的证据，但也未曾找到任何证明生命不存在的东西。因此，天文学家们想，火星的其他部分也许会有不同类型的生命。

1989 年 7 月 20 日，美国总统乔治·布什提出了一个新的太空计划。他提出要“到未来旅行，到其他星球上旅行——载人飞往火星”。

对于很多人来说，布什总统的提议和一位前总统，约翰·肯尼迪的说法相似。肯尼迪总统曾提出过把人送上月球的目标。

空间科学家们知道，火星之行不如登月飞行那么容易。仅就距离来说，它比月球远 1000 倍，另一个问题是资金。前往火星的费用高得几乎难以置信，需要 4000 亿美元；最后，我们在踏上火星之前必须对火星有更多的了解。

美国国家航空和航天局在 1992 年 9 月发射了火星观察者号探测器。该探测器在一年后接近火星，按计划围绕火星进行两年的轨道飞行，制作火星地图。

火星观察者的目的是继续以前探测器的工作，其目标是更多地解答我们关于这个红色星球的各种由来已久的问题。

让我们看看有什么吧

为这期栏目做准备的时候，有朋友推荐给我一本名叫《空间与人》的书。书是英汉对照，而且没有惯常该有的作者的署名。我不懂英文，但中文读起来，都生动，都明白而晓畅。这本书的第一辑叫做“先驱者”，讲了好些位科学家的故事，比如火箭科学家达戈德，比如天文学家哈勃。本来，是想把写其中一位的文字推荐给大家。但是，第二辑“八大行星”里有关火星的文字又吸引了我。从严格意义上来讲，这不是一本书，而是一些新闻从业人员的集体劳作，是一个广播电台播出的科学节目的广播稿。

一个广播电台有这样的节目是应该受到称赞的，一个广播电台的节目能做成这样高质量的书是值得我们羡慕的。

应该说，介绍那些科学家的文字应该更有意思一些，但我还是被这些有关火星的文字吸引了。这当然是因为刚刚审读了将在增刊发表的杰克•威廉森描写人类登陆火星的长篇杰作《滩头堡》，更主要的原因是，这段时间，杂志社正在与以《追赶太阳》这篇科幻小说在中国知名的美国火星科学家兰迪斯商讨来中国做本刊形象大使的事宜。如果这个计划不出意外，本期刊物面世后不几天，兰迪斯先生便要在9月7日登陆中国了。届时，他会在北京登上中国科技馆的讲台，面对中国的青少年，他会带来很多新鲜的资讯：火星探索计划的最新进展，火星研究的最新成果，美国科幻界的最新动态。这些新鲜的内容，都将在他的生动演讲中有精彩的披露。

当然，他更会来到杂志社所在地——成都。这样一件有意思的事情，也许，我们需要小小地预热一下。

这次预热，就是希望以这样一篇短文拉近我们与头顶天空的距离，拉近我们与头顶上那颗红色星球的距离。我们的读者，总是离我们的考试很近，离升学很近，离各种各样娱乐信息与方式很近，而觉得天上的事情与我们相距遥远。而在此时，我的耳边响起了第一位进行超音速飞行的女飞行员杰奎琳·科克伦的一段话。她说："那些束缚在地面上的人只知道大气层以下的一切，他们在那里生活。而往更高处走，天空会变暗。当到达足够高度时，你能在正午看见群星。我见过这种情景，我曾经同风和星星一起旅行。"

你见过这样的情景吗？你梦想过达到类似的体验吗？

你在俗世之外看见过像群星灿烂一样动人的情景吗？

是的，看见过这种情景是一种境界，没有看见过这种情景会是另一种境界，或者干脆称不上什么境界。人生的充实，其实就是看是否达到过这样的境界。我们发表这样的文字，其实不是要让每个人都成为火星专家，让每一个人都立志要成为未来的火星居民，而是让大家看到我们生存的这个世界是多么广大，是想让大家知道，科学，只有科学才让我们所认知的世界越来越宽阔，越来越广大。而这个越来越广大的世界，正等待着今天充满幻想的少年去一试身手！当我们还没有走向社会的时候，也许我们可以以阅读的方式来体验先驱者们伟大的发现！

火星从来就高挂天顶。在人还未直立行走以前，在人还没有把望远镜对准她朦胧的面容之前，她就高悬在那里，在自己的轨道上，按照自己的规律自在地旋转运行。而在地上，只有那些对天空保持着好奇之心的人们，在晴朗的夜晚，会看到她隐约的身影。这时，如果身边有一台收音机，接收到一束无线电波，电波在机器里奇妙地转换，你就会听到动人的声音。这个声音不是我们听到的那些深夜节目里风花雪月的东西，这个声音说："空间科学家们知道，火星之行不如登月飞行那么容易，仅就距离来说，它比月球远1000倍。另一个问题就是资金，前往火星的费用高得几乎难以置信，需要4000亿美元。最后，我们在踏上火星之前必须对火星有更多的了解。"

现在，兰迪斯就要来到我们中间了，他会回答我们有关火星与天空的所有疑问。看来，他对火星探测的前景是乐观的，我想，这是因为他对人类的探索精神与想象能力感到乐观，他在预先发来请我们提出意见的演讲稿中这样结束：

"我认为人类该到火星去，它是我们的姐妹星，我们应该去探索它。宇宙是如此广袤，地球只是它小小的一分子。是行动的时候了，让我们到外面去看看有什么吧！出发！"

所有普通的乌鸦和人类有许多相似之处

[美] 简·E. 布罗迪　李汴龙 译

乌鸦从不受欢迎。

农民把乌鸦看作是庄稼的天敌，经常用枪弹向它们打招呼。在 1940 年，美国伊利诺伊州的资源保护部门用甘油炸药只爆炸了一次，就杀死 328000 只乌鸦。

乌鸦研究专家卡洛里・卡夫瑞博士说：“很多人讨厌乌鸦，是因为它们就像我们当中的那一类一样，成群闲荡，制造噪音。它们是淘气鬼，喜欢惹麻烦。”

现在，大量的乌鸦迁移到都市和市郊地区。在那里，靠吃垃圾箱、垃圾埋填地和垃圾桶里的食物残渣繁盛起来。更多城市的居民扰乱乌鸦这种鸟的生活，他们要么猎杀乌鸦，要么对它们用诋毁的语言。即使人们找到新的理由用讨厌的目光看待乌鸦，生长在市内和市郊的那乌黑闪亮的乌鸦却更受科学家的喜爱。

在俄克拉荷马州立大学工作的行为生态学家加夫瑞博士，最近完成了对聚集在洛杉矶高尔夫球场附近的西部乌鸦长达八年的研究。她是从事这项研究的人员之一。她和其他研究人员发现，在某些方面，与人的行为相比，乌鸦则更像人类。比如说对于解释一首流行歌曲的意义方面；它们对配偶十分忠诚，也经常帮助父母做事情；它们终生忠诚于自己出生的家庭等，但是，它们也有警惕性高、狡猾和机会主义的特点。

虽然科学家不能准确地描述乌鸦变化的数量（这些长相平庸的东西不易计算），但是，显而易见，最近几十年数以万计的乌鸦，过去曾主要聚居在乡村，现在成功地在大商业区、城市公园、高尔夫球场和其他人口密集的都市里或附近繁殖、觅食。

在大多数州，乌鸦是受保护的，已经被认定是参加比赛的鸟，这些鸟在任何季节都严禁捕猎。但在乡村一些地区，乌鸦还是有可能被捕杀，虽然科学家说捕猎这些鸟可能是一个严重的错误。正如美国中西部的一位农场主在杀了大量他原以为吃玉米的乌鸦之后，才很遗憾地发现实际上乌鸦对玉米螟虫有着较旺盛的食欲。因为没有乌鸦吃这些破坏性相当大的害虫，农场主的庄稼就颗粒无收。

现在，大型商业区可能和玉米地一样有吸引力，有多至五万只的乌鸦可能在一个购物中心附近栖息。它们不仅是被食物所吸引，而且被整夜亮着的路灯所吸引，因为这些灯有助于它们发现猎物。反过来，科学家也更容易接近乌鸦，并承认乌鸦这种鸟有着爱玩耍、机敏和学东西快的特点。科学家们还发现乌鸦是如何善于交际的，它们使用一种复杂的语言，对于这种语言，科学家们才开始明白一点儿。

也许在对乌鸦产生浓厚的科学兴趣方面，没有人能与劳伦斯·齐拉姆博士相比。他是美国达特默恩医学院微生物系的一位 87 岁荣誉退休教授。

他对乌鸦的兴趣可以追溯到 1918 年，那年他才 8 岁。他把一只受伤的乌鸦带到新罕布什尔州的避暑别墅，在那里，乌鸦得到治愈，并且强壮起来。整个假期，它跟着小劳伦斯在田间林中以及其他地方到处跑，直到小劳伦斯不得不返回曼彻斯特州的布洛克兰上学为止。

齐拉姆博士，一位自学成才的鸟类学家，在六年内用了超过八千小时的时间对乌鸦进行了研究，并出版了一本有重大影响的著作《美国乌鸦与普通乌鸦》（1989 年，得克萨斯农业机械学院出版社）。这本书有助于提高乌鸦在专业人士和业余鸟类爱好者心目中的地位。

经过齐拉姆博士详细的观察研究，他了解到栖息在佛罗里达州牧羊场的个别几只乌鸦根本没有必要给它们做记号，这说明乌鸦聚集在一个大家庭里团结合作。去年出生的幼鸟甚至前年出生的小乌鸦都常常在大家庭栖息地附近游荡或帮忙做活。

康奈尔大学生态学家凯艾丁·迈高万博士，大多数春季时光里都在观察筑在树上的乌鸦巢。他发现，就连出生长达五年的乌鸦在农业生产期间也待在妈妈的巢附近，帮忙干活。在最近的九年里，纽约艾迈卡市内和市郊地区的六百多只小乌鸦被用彩色塑料翅膀标签做过记号。

迈高万博士说，乌鸦是美国极少进行研究的野生鸟。他曾爬上高达 36.5 米的大树观察并描述乌鸦这种合作式的生殖情况，他认为这种生殖方式中是极为罕见的。他还说，小乌鸦不但帮助它们的妈妈抚养新生鸟，也帮助它的兄弟们养家糊口。他说：“乌鸦中互相帮助的比例相当高，有

80% 的家庭都这样。每个家庭约有 15 只乌鸦。”

迈高万博士发现，乌鸦喜欢聚集。当自己的同胞要出生时，它们经常去父母家里或附近帮忙筑起边界围巢。

卡夫瑞博士在她对高尔夫球场的乌鸦进行研究之后，发现了相同的合作行为。哥哥、姐姐带着食物给妈妈和小弟弟妹妹吃，它们还帮助守护边界和巢，以防人的干扰和动物的进攻。当其他成员出去寻找食物时，它们还要为这些乌鸦站岗放哨。

在城市里，卡夫瑞博士说，乌鸦筑巢的树附近有一只猫，常常使乌鸦发出警报声。当乌鸦发出的警报声相当响的时候，它们甚至围攻那只猫，就像围攻入侵它们栖息地的猫头鹰和雕一样。人类也是常常被当作入侵者来对待。迈高万博士说，他就常常遭到围攻。当他给新出生的乌鸦系上标签，以备将来辨认时，二十多只乌鸦成群结队地叫喊着向他俯冲下来。

卡夫瑞博士还观察到了乌鸦那更轻松的一面。她说：“乌鸦也玩一些有趣的游戏。”她看过乌鸦用草和细枝进行的拔河比赛，像猴子一样从树上向下荡秋千，把棍子扔下，然后飞下来抓住等游戏。她曾见过一只乌鸦站在塑料杯上沿着草坡往下滚，它的同胞们也仿效原木滚动的方式跟着向下滚。

像少年和青年人一样，有些乌鸦离开家庭栖息处一连数周、数月，甚至有时一年多。但是，卡夫瑞博士说：“有时，它们也回家看看。”她做研究用的一只乌鸦两岁时和它的配偶离开在高尔夫球场的中心聚居区，在 1.2 千米远的地方扎营筑巢。“但是，它每周五下午回来与父母一起游荡约一个小时的时间。”卡夫瑞博士说。卡夫瑞博士所研究的乌鸦轻松自在，她说：“它们相互生活、繁殖，从不防御什么事情。它们同吃同住，无忧无虑地走入彼此的中心栖息地，它们甚至允许其他鸟类在它们筑巢的树上歇息。两对乌鸦在同一棵树上筑巢，有时它们喂养邻居的小鸟。在我八年的研究生活里，我没有见过它们公开争斗，也从未听说过类似情况。”她推断这种自由放任态度反映了在高尔夫球场周围筑巢过剩和食物富足的现象。

但是，大多数乌鸦都有极强的圈地盘的特点。在中心栖息地，每个来吃食的乌鸦都不容许被打扰。但在许多下午的时光中，不参与筑巢的乌鸦常常离开家门，到一个大的公共栖息地串门。在那里，直到晚上回去休息之前，它们吃小昆虫和谷粒，绝大多数时间里是在吃人剩的食物残渣。

唐纳德·可可密兹博士是新泽西州不伦瑞克的鲁特哥斯大学的一位鸟类学家和昆虫学家。他说，合作式繁殖和共同栖息的协调是极其罕见的，因此，也就提出了一个矛盾：“合作式繁殖者需要待在自己的地盘上，但是筑巢的需要，却使它们离开自己的地盘。我也想知道乌鸦是怎样解决这个矛盾的。”

通过给乌鸦安装上无线发射机，让机器跟踪它们的行踪，可可密兹博士发现只有个别乌鸦偶尔离开家到公共栖息地看一看，在这里，数以千计的乌鸦聚在一起寻食，以此来弥补它们自己地盘食物的不足。在这种情况下，它们靠吃斯塔腾岛和新泽西州地下埋藏的垃圾来美餐一顿。他说："这就像人一样，偶尔离开郊区去曼哈顿住上一夜。在那里，吃上一顿丰盛的晚餐和早餐，然后再回家。"

但是，乌鸦可能整个冬天都离开它们的家园，尤其当自己地盘上的食物源被大雪所覆盖的时候。像松鼠一样，当食物充足的时候，它们把食物储存起来。而且研究人员认为它们能够记住储藏的地点。有这样一件事：一个摄影师想要吸引雕的注意力，就把实验室里的一群老鼠放了出来。还没等雕反应过来，三只乌鸦立即俯冲下来，抓走了 79 只老鼠，结果乌鸦收集了大量的以后要享用的食物。

乌鸦也是狡猾的小偷。克拉姆博士见过一只乌鸦拽住一只河獭的尾巴，此时河獭的嘴里还叼着一条鱼。当狂躁的河獭把鱼丢掉时，乌鸦的同伴冲下去把鱼抓住。有人看见过乌鸦把没有被渔夫注意的冰下鱼线拉上来，要么偷吃鱼饵要么偷吃捕到的鱼。

乌鸦的滑稽动作很容易被其爱好者观察到。但是，即使你没有见到，从他们的话中也可以知道乌鸦的动作行为。

申迪·西姆斯·巴尔博士，刚从密执安大学取得博士学位。她对乌鸦的发声有着较深的研究，她说乌鸦长距离"呱呱叫"有着不同的意义。这个意义是由发声形式、节律和声音连接的方式一起共同来决定的。不同的发声可能是："请滚出我的地盘；小心，有人要吃你。"或者是："帮我把这个入侵者赶走。”例如，一串 “咕咕咕”的声音意思是：“朋友，你擅自进入我们的地盘。”

巴尔博士说：“在长距离的发声中，有 15 种或 20 种声音像普通鸟唱歌的声音。”除此之外，当乌鸦家庭成员之间谈话时，乌鸦能发现许多轻柔悦耳的声音，像咯咯声、狺狺声、簌簌声、咕咕声，响而粗的叫声，长而尖的叫声和伤心的呜呜声。例如，幼乌鸦相互开玩笑时发出长而尖的叫声；呜呜哭声是巢里的小乌鸦和雌性乌鸦发出的讨食声。

卡夫瑞博士已经注意到东西部乌鸦口音有别。巴尔博士说几乎在每个电影胶片迹上都有一只乌鸦的声音，但是卡夫瑞博士说，她能通过乌鸦的声音来区别开这部电影是在东部还是在西部拍摄的。

事物的本身

银河奖颁奖大会期间，在《科幻世界》新建的培训基地听江浦，我在枕涛楼里读一本书。这时是深夜了。有一群人在大厅里玩一场寻找杀人凶手的心理游戏，还有几个人在面江的 203 室里讨论科幻文学，正是风生水起的热烈景象。我做睡前的功课，读一本拿着轻巧，读起来也轻巧的小书。这本书是一个叫玛丽安娜·波伊谢特（是一个女性吧？）的德国人写的，书的名字就叫《植物的象征》。

开篇，便是在青藏高原很常见的属于毛茛科的耧斗菜。我在草原的盛夏见过很多开满了蓝色花朵的这种普通的植物。后来，通过一位学问高深的喇嘛撰写的植物药典，我才真正认识了这些花朵——我是说知道了用一个什么样的名字去称呼这些花朵。因此我在一首叫做《这些野生的花朵》的诗中写道：

几年以前，我曾顺着大河漫游／如今记忆日渐鲜明／在山前，在河岸，野花顶住了骄阳／花叶上没有露水，只是某种境况的颜色／只是柔弱而又顽强的枝叶／今天，当我读着一本带插图的药典／马尔康突然停电，使我看见／当初那一朵朵野花，挣脱了尘埃／饱吸了粗犷地带暗伏的泉华／像一朵朵火焰，闪烁着光华！

看见荒野上各种各样的野花：野蔷薇、铁线莲、飞燕草、点地梅和绿绒蒿，当然还有蓝花的，写在这本书里的龙胆草与耧斗菜。

为什么会在这样的时候想起这些花朵？好像是因为眼前这本书的缘故。细想起来其实还另有原因。前些日子，一位诗友去了岷山深处旅行，回来发给我一组诗。诗写得很漂亮。只是在诗中出现植物名字的时候，发生了错误。8 月，正是以上写到的那些花朵盛开于高原的季节，但她没有看见（或者看见了却无以名之），在她的诗行中，与岷山雪峰一起出现的，是一株巨大的悬铃木。问题是，名字美丽的悬铃木并不生长在那样的海拔高度上。中国青年诗人的诗歌中，那个诗化的大自然中，很多植物，很多的花草的名字出没于诗中，都是有其名而无其实的，仅仅因为有一个好听的名字就不受地理条件的局限，常常在错误的时间中，出现在错误的地点。

中国古代的哲人有“格物致知”，“多识花鸟虫鱼之名”的教训，但在我们养成学问的过程中，并未得到很好的遵循。

中国人不好学吗？中国人是很好学的。但好学的中国人常常弄不清一些最基本的常识，比如不认识身边的花草树木与鸟兽虫鱼便是一例。我作过几年中学教师，那所任教的学校就紧靠着树林与荒野，但学生作文时，常常出现“春天来了，许多不知名的花开了，许多不知名的小鸟在歌唱”这样的句子。

这其实牵涉到我们的自然观。

东方式的自然观常常不是自然界本身，而是沉溺于内心，是道德观的外化——想想古诗与国画怎样在精神层面上叙写梅兰竹菊这四位君子；是某些抽象精神的象征——想想革命电影里青松出现的镜头，雁阵横过长空的镜头。但我们因此便真正认识梅、兰、竹、菊，以及青松与大雁吗？从科学的观点看，我们对这些自然界中的客观事物一方面耳熟能详，一方面又一无所知。《植物的象征》的作者说得很对：

“人类的心灵是宽广的，他们在整个世界寻找着表达情感的方式，而这情感往往又是丰富多彩的。”

中国的诗歌大师杜甫说得更加形象：“感时花溅泪，恨别鸟惊心。”

但是当这朵花在我们眼中溅泪的时候，我们看到的已经不是这朵花本身了，“因为象征的意义绝不仅限于其表面，它总是标志着另一种东西。”从审美意义上说，把一朵花、一只鸟看成另一种东西，当然是一种很好的作文方法。但是，当我们从优美的情感与辞章中脱身出来，却发现，我们并不能真正把握这些名词背后所代表的那个事物，即便那个名词所指称的事物是那么简单。

事物的道德化与审美化，很多时候遮蔽了我们的科学视野。直到现在，这种道德化的倾向仍然在我们的作文课中蔓延，看看今年的高考作文题，里面那种浅薄的道德指向是多么鲜明啊！21世纪是科学的世纪，而我们仍然生活在一种把一切事物泛道德化的浓重氛围里。

现在，我坐在办公室里，写下这些感慨的文字。本来是要写些推荐这篇有关乌鸦的科学随笔的文字，却说了一大篇花朵与象征。花朵是美好的，象征又能把美好的东西进一步升华。但象征又潜藏一种危险，让我们离开事物本身的真实。美丽花朵在我们投向自然的眼光中命运尚且如此，更不要说本身并不美丽，而在我们文化中又往往象征着不祥与死亡的乌鸦。

是的，没有人喜欢乌鸦，甚至有人说，乌鸦连肉都是酸的。

但是，现在就让我们看看乌鸦，认识一下这个鸟类中与我们离得很近的也最常见的邻居吧。

注视大自然的理由

刘华杰

说俗点，旅行就是到处走走、瞧瞧，有人专选热闹的地方，有人则正好相反。

本来北京中关村属海淀区，现在火了、热了，“村”比“区”还大，让学逻辑的也转悠半天。进了“村”的核心，一路走来，“发票、刻章、办证”，“毕业证、学位证”，不绝于耳。据说这一带专职从事制作、兜售假文凭的有 3000 人以上。一次，我从北大小南门走到海淀黄庄，细心数了一下，一共有 127 人向我耳边免费灌输上述“话语”。这风景与“高科技开发”相比总是差了一点，两边都在言说，一个公开大声吆喝，一个隐蔽小声地规劝。于是，来中关村看热闹的多了。

国内的名胜古迹，名山大川，游人如海，也许没有卖文凭的，但总会有别的烦心事。凑热闹到那里，也许还不如到中关村来，毕竟中关村还有别的。

不过，真正的旅行是一种高级的休闲活动，依个人爱好可分若干类型。许多人欣赏的一种便是古已有之的地质旅行，它一是为休闲，二是为博物式研究。夏树芳撰写的《地质旅行》提供了一部手册性的读物。该书解释了什么是地质旅行，地质旅行的目的与任务，地质旅行的准备与方式，三大岩区的地质旅行，地质旅行中的摄影与素描等。三大岩是指沉积岩、火成岩和变质岩，我们地球上的岩石基本上由这三种类型的岩石构成。

中国历史上郦道元、沈括、徐霞客都是出了名的地质旅行家，这可从《水经注》《梦溪笔谈》和《徐霞客游记》中反映出来，连儒学大师朱熹也曾谈到过山顶上的贝类化石。这些著作描述了作者的珍奇见闻。对所到之地的地势、地貌、山川分布、岩石柱头、植被覆盖、气候特点乃至当地物产、经济、交通、人文等，都有记述，它们在科学史上留下了光辉的篇章。中国古代数理科学传统缺乏，但博物学传统却十分丰满，这与地质旅行大有关系。

现在地质学似乎不再是一门基础课，而是各门其他基础课的大交叉、大应用。在进入 21 世纪的时候，博物学近乎是已死掉的学科，甚至连直接对应的英文单词都没有。据说，博物学代表着肤浅的广博，是一种“集邮式”的工作。与分子层次、原子层次以及宇宙尺度的现代科学相比，传统意义上停留于宏观描述（记录、素描、分类）的博物学确实显得“粗放”。

但是从另一种意义上看，这种“粗放”亦有存在的理由。博物学作为一种科学发现活动，意义已经极其有限，但作为一种思维方式，一种人类亲近自然的方式，它的意义愈加重大。淡化发现色彩，博物学将成为多数公民的学问和休闲方式。

《地质旅行》可能是一个通向大众博物学的良好开端。这部科普书很通俗，几乎人人都读得懂。但只是单纯在纸上看，是不够的，不能算读懂了，必须迈开双腿，走向田野。要将纸书与大自然这部缤纷之书对照，去慢慢体会。也不必有任何压力，这种旅行不是搞科研，不用提交论文，着重在观察自然的沧海桑田，体悟地质演替和生命进化。

我记起了中学高二时参加全国地质学夏令营，在吉林市北山上由著名的地质学家、时任长春地质学院院长的董申保学部委员（那时还不叫院士，董先生现为北京大学地质学系教授）为我们一群孩子生动地讲解地质学史上有关花岗岩成因的“水火之争”。那情景终身难忘，回想起来自己是多么幸运。

后来高考我第一志愿便报考了地质系，大学四年也经历了实习。带队的不再有院士，我也都记得清清楚楚。如教我们《普通地质学》的钱祥麟老师，星期天带四个班到北京德胜口看长城石英砂圈。如地球化学老师刘本立带我们去虎峪沟看“香肠”构造和断层；又如关平老师带我们冒雨在秦皇岛石门寨288高地上画地层剖面；还有阎国翰老师带我们在内蒙古赤峰地区乘一辆越野车，奔驰在草原、山麓和矿山，采集了十余箱标本等。

这些都是1984–1987年的事了，中学高二则是1982年的事。但一个学过地质的人怎能忘记，闭上眼睛，那高耸笔直的六棱柱状玄武岩（长春伊通火山群）、那阴暗潮湿的矿井（河北涞源铜矿）、闪闪发光的铅锌矿（内蒙古巴音诺）等，全部会浮现出来。

即使改了行，每到一处，也必然如《地质旅行》所述，仔细看看岩石和植被，甚至到美国外出游玩时也如此。在美国，我们还美餐了自己拣来的小青蘑，吓坏了随行的美国老师。她不认识蘑菇，怕我们吃了中毒，而对于小青蘑的形态和生长环境我从小就熟悉极了，到任何地方我都能认出它来。中国的石炭纪对应于美国的密西西比和宾夕法尼亚两纪，有一次乘灰狗长途旅行车穿越宾夕法尼亚州，透过车窗我足足观察了数小时，总算了解了那里的岩层特点。

在当前情况下，不可能要求普通公众对山石地貌感兴趣，但“了解风景名胜与地质的关系”，多多认识身边的植被，却是个好的切入点。黄山、武夷山、峨眉山主要都是由什么岩石构成的？为什么它们以现在的样子存在？校园和大街两旁栽种的花草树木是哪一种的？

《地质旅行》中还附有简介。简明介绍了常见化石。如果幸运，在野外也许还能看到一些，不过，还是要注意保护化石来源为好。毕竟地质旅行也好，都是要更好地协调人与自然的关系，而不是相反。

月季与玫瑰之区别

2001年“情人节”期间，玫瑰花火了，中外都一样，虽然中国本没有这圣瓦伦丁节。

网上有人也谈起月季与玫瑰的区别，实话说，以前我也不太注意。事情是这样的，我在个人网站上放了一些植物照片，其中有几种注明“玫瑰’的植物。海外一朋友来电子邮件告诉我那植物不叫玫瑰，而叫“月季”，并说现在花市上的一般叫法也不对。他（她）特别指出，北京西山有玫瑰花。玫瑰花是小叶 5–9 枚，多刺，而月季 3–7 枚叶，刺少。此人正好也是北京大学的，但目前在海外访问。我想了一下，果然他（她）说的有道理，因为这两种不同的植物我都见过，特别是对他（她）讲的玫瑰花更是熟悉得很，小时候还经常采摘。小时候反而没见过现在人们说的“玫瑰”（月季），我印象中长白山中没有这东西，好像直到读大学时才在北京见过。

经查，无论月季还是玫瑰，英文都是 rose，都是蔷薇科植物，在亲缘关系上还是较近的。月季（送情人的那种花）是人工培育的，有一本书上说，月季原产我国，据文字记载，汉武帝时就有栽培。18 世纪 80 年代，中国月季由印度传入欧洲，经过育种专家将它与当地蔷薇反复杂交，于 1867 年取得突破性进展，培育成功杂交茶香月季（HT）[1]。另据法国的一部著作《植物之美》讲，1279 年英国兰开斯特的爱德华在普鲁旺斯的一次旅行中发现了高卢玫瑰（蔷薇），并把插枝带到了英国。后来普鲁旺斯玫瑰与大马士革四季玫瑰不断杂交，导致现代玫瑰的问世[2]。

---

[1] 李洪权编著，《月季新谱》，科学普及出版社，1986 年。

[2] 佩尔特等著，《植物之美》，时事出版社，2000 年，第 137–138 页。

玫瑰（不是指常卖的那种花）在东北是常见野生植物，我个人见过两个主要品种，并且从小就非常熟悉。一种是单层瓣5个，山上极多，当地叫“刺玫果”或者“山刺玫”，学名叫 Rosa davurica。另一种是复层瓣，山上不多，但由于花大，花期长，当地有庭院栽种的。我家里就栽过几株，而且是与父亲一同到山上挖回来的。因为刺非常密集坚硬，挖的时候得颇小心。这种当地叫“家玫瑰花”，学名叫 Rosa rugosa。现在中国国家图书馆及我住的育新花园都有种植。

这两种植物的花都非常香，可食。前一种更香一些，但因为是单瓣，采摘较慢。这些花可用糖腌上，能存放许久，可用于日后作点心、烙糖饼等。去北京妙峰山，老乡会追着你兜售自己腌制的玫瑰花酱，用的主要是后一种 Rosa rguosa。以前看过天津一家老字号介绍制作一种中秋月饼，非要到北京西山采鲜玫瑰花做馅不可，而且必须是哪个节气开的花才行，想必十分讲究。不过，食客能吃出是北京的玫瑰花，还是通化的玫瑰花，可不大容易，反正我没那本事。

这两种玫瑰都很好区别：（1）花瓣层数不同；（2）前者果椭圆形，后者果偏球形。共同点为：都是单数羽状复叶，有较密集的尖刺。两者的花都可入药，可食，但前者的果、根也可入药。前者的果含多种维生素。《河北野生资源植物志》说，鲜果含维生素 C1.6%~1.95%，干果含维生素 C1.1%–3.4%，还含有维生素 PP、维生素 A、维生素 B_2、维生素 K、维生素 E 等。当年东北的供销社还专门收购花和干果。

回到开始时的主题。月季与玫瑰的主要区别如下[1]：（1）月季小叶少，3~5（7）片，而玫瑰5~9片。（2）月季刺少，玫瑰刺多。（3）月季叶泛亮光，玫瑰叶无亮光。（4）月季花较大，颜色多样；玫瑰花较小，一般为粉红色。第二种玫瑰花稍大，但呈扁平盘形，容易与月季区分开来。（5）还没见到有卖玫瑰花的，花店出售的都是月季。

至于名字，并不十分重要。我查过一些书，月季有时也叫玫瑰，所以也没必要把大家叫习惯的玫瑰改成月季。但月季与玫瑰的确有许多差别。明年过情人节，可向情人“显摆”一下，骗骗她（他）。

八小节饶舌话

8

本次觉得无话可说。

如果你问为什么，我就会问你是不是读懂了这两篇文章。如果你说懂了，那么，我再说就是多嘴多舌了。

当然，还有一种可能你会说，这样的文章根本就没有什么意思——过去就常有读者这么说——那么，我投降，因为你要读的本来就不是这种文章。你不要读这种不惊险、不刺激、不休闲、不娱乐的文章，那没有办法，

---

[1] 李永江编著，《大兴安岭药用植物》，内蒙古人民出版社，1990年；另见吉林省中医中药研究所等编，《长白山植物药志》，吉林人民出版社，1982年。

科学与娱乐确实是两个不相同的概念。

7

这次觉得无话可说的再一个理由是，这是中国人写的文章。中国人写给中国人看，其文章脉络与肌理都是中国化的，读者容易走得进去。看外国人写的东西，思想意义是有的，智慧的开启也是有的，但在欣赏过程中，往往有些“隔”，审美上的“隔”。但中国人写的文章，特别是中国人写在当下的文章，意图的指向非常明确，用课堂化的话说，主题往往是更鲜明直接的。而外国人的文章，其推进的方式，演绎道理的方式，还不是我们完全能够习惯的。

6

接下来的问题就是这两篇文章的主题是什么？

去年，有一个全国性的青年作家会议请我去作一个演讲。我去了，演讲了；同时，听一个批评家朋友作下一个演讲。他的演讲的题目就叫《回到常识》。我不知道别人听了我的演讲有什么感觉，但这个朋友的演讲却引起了我很多的感想。现在，突然想起了这件事，就是“回到常识”这四个字放射出了某种魔力。

5

是的，我认为刘华杰先生的意思也很明白，就是要回到常识。这些常识是全世界的常识， 当然也是中国人的常识。很早的时候，古人就曾经教导我们：“多识花鸟虫鱼之名。”但是，当我们走向自然的时候，除了风景整体上的美感之外，我们很少会关心细节性的问题。所以，刘华杰先生建议大家，要学会以科学的眼光看待自然，“多多认识身边的植被，却是个好的切入点。”我们爬上峨眉山或别的什么山，旅游指南或导游会引导我们更关心那些寺院建筑建于何时，某一位高僧曾留下什么样传说一类的东西，而很多识文断字的游客会在石头上，树木上歪歪扭扭留下“某某到此一游，或某某某，与某某某到此一游”的恶心书法。但在《注视大自然的理由》一文中，作者的建议是要我们关注这些山——“主要都是什么岩石构成的？为什么它们以现在的样子存在？”

是的，想想为什么走向自然，自然本身到底呈现什么，也正在成为一种被人忘记的常识。

4

那么，《月季与玫瑰之区别》就更是一种被湮灭的常识了。

想想我们对这种花朵，对情人节的热衷，再想想这个常识，的确是一个有些触目惊心的事实。

3

这个问题又带出另一个问题，中国的学生都在课本上学习过自然，比如与玫瑰与月季这样的命题相关的，就学过怎么样识别什么属、什么科的分类，也知道不同形状的叶片与枝干连接方式的命名，也从图上读过一朵花的构成要素与方式，但对于大多数人来说，这些知识最后只是考试试卷上需要回答的问题，而不是可以带到自然观察中可以运用的知识。中国学生都曾从课本上掌握过很多科学知识，但是这些知识，当其成功地走上了试卷之后，接下来便是遗忘，或者尘封于记忆深处的某个角落，或者有一天，参加电视台有重奖的知识竞赛时，才会派上一两次用场。

2

从本期文章来看，作者本人的走向科学，似乎不是因为刻板的课堂教学，而是中学时代一次专家指导的夏令营，使他觉得“那情景终身难忘，回想起来自己是多么幸运”。

这就使我们又要面对另外一个常识：学习的目的到底是什么？

1

想抄一段别人书里的话在这里作为小文的结束。

这本叫《环宇孤心》的书，记载了一些探索宇宙奥秘的科学大师们的事迹。阿伦·桑德奇是一个杰出的天文学家，被称为少数“能得到开启天国大门的钥匙”的人之一，但他小时候最初的好奇心却源自身边的小树林。

“树林中充满了魅力。‘爸爸，爸爸，看，看呀——那一朵花，这不是很棒吗！’”

是的，我们很多人在童年时代，都有过这些的惊叹，但是这份纯真的好奇心是什么时候，和以什么样的方式从我们身上完全消失了呢？

绝妙的错误

[美]刘易斯·托马斯　李绍明 译

大自然迄今取得的惟一最伟大的成就，当然要数DNA分子的发明。我们从一开始就有了它。它内装于第一个细胞之中，那个细胞带着膜和一切，于大约30亿年前这个行星渐渐冷却时出现在什么地方的浓汤似的水中。今天贯穿地球上所有细胞的DNA，只不过是那第一个DNA扩展和惨淡经营的结果。在某种本质的意义上，我们不能够声称自己取得了什么进步，因为，生长和繁衍的技术基本没有变。

可我们在所有其他方面却取得了进步。尽管，今天再来谈论进化方面的进步已经不时髦了，因为，如果你用那个词去指称任何类似改进的东西，会隐含某种让科学无能为力的价值判断，可我还是想不出一个更好的术语来描述已经发生的事情。毕竟，从一个仅仅拥有一种原始微生物细胞的生命系统中一路走过来，从沼地藻丛的无色生涯中脱颖而出，演进到今天我们周围所见的一切——巴黎城，艾奥瓦州，剑桥大学，伍兹霍尔（Woods-Hole海洋生物学实验站），南斯拉夫普利特维策国家公园那巨大阶梯一般、石灰华夹岸的群湖叠瀑，我后院里的马栗树，还有脊椎动物大脑皮层模块中那一排排的神经元——只能代表着改进。从那一个古老的分子至今，我们真的已经走了好远。

我们决不可能通过人类智慧做到这一点。就是有分子生物学家从一开始就乘坐卫星飞来，带着实验室等一切，从另外某个太阳系来到这里，也是白搭。没错儿，我们进化出了科学家，因此知道了许多关于 DNA 的事，但假如我们这种心智遇到挑战，要我们从零开始，设计一个类似的会繁殖的分子，我们是决不会成功的。我们会犯一个致命的错误：我们设计的分子会是完美的。假以时日，我们终会想出怎样做这事，核苷酸啦，酶啦，等一切，做成完美无瑕的，一模一样的复本，可我们怎么想也不会想到，那玩意儿还必须能出差错。

能够稍微有些失误，乃是 DNA 的真正奇迹。没有这个特有的品性，我们将至今还是厌氧菌，而音乐是不会有的。一个个加以单独观察，把我们一路带过来的每一个突变，都代表某种随机的，全然自发的意外，然而，突变的发生却决不是意外；DNA 的分子从一开始就命中注定要犯些小小的错误。

假如由我们来干这事，我们会发现某种途径去改正这些错误，那样，进化就会半路停止了。试想，一些科学家正在成功地从事于繁殖文本完全正确的原生细胞，像细菌一样的无核细胞，而有核细胞突然出现，那时，他们会怎样的惊慌失措。想一想，那一个个受惊扰的委员会将如何集会，来解释那丢人现眼的事：为什么那些三叶虫会大量增殖，满地都是；想一想，他们会如何动用集团火力，怎样撤销所有权。

我们讲，犯错误的是人，可我们并不怎么喜欢这个想法。而让我们去接受错误也是所有生物的本性这个事实，那就更难了。我们更喜欢立场坚定，确保不变。可事情还是这样的：我们来到这儿，就是由于纯粹的机遇，可以说是由于错误。在进化路上的某处，核苷酸旁移，让进了新成员；可能还有病毒也迁移进来，随身带来一些小小的异己的基因组；来自太阳或外层空间的辐射在分子中引起了小小的裂缝，于是就孕育出人类。

不管怎样，只要分子有这种根本的不稳定性，事情的结果大概只能如此。说到底，如果你有个机制，按其设计是用来不断改变生活方式的；假如所有新的形式都必须像它们显然做了的那样互相适配，结成一体；假如每一个即兴生成的，代表着对于个体的修饰润色的新的基因，很有可能为这一物种所选择；假如你也有足够的时间，也许，这个系统简直注定要迟早发育出大脑，还有知觉。

生物学实在需要有一个比“错误”更好的词来指称这种进化的推动力。或者，“错误”一词也毕竟用得。只要你记住，它来自一个古老的词根，那词根意为四处游荡，寻寻觅觅。

池塘

[美]刘易斯·托马斯

曼哈顿有很多区域是浸在水里的。我还记得贝尔维尤新医院是在什么时候兴建的。那是十五年前的事。第一期工程最为壮观，最为圆满，那是一个巨大的方池，有个名字叫贝尔维尤湖。它来到世上两年许，那个闷闷不乐的预算局还在为下一期工程筹集钞票。方池被圈了起来，从旧医院高层楼房的窗口才能看到，可是它实在好看。炎炎仲夏，它清凉而蔚蓝；隆冬一月，它又有北国冰城佛蒙特的景象，镜面新磨，闪闪发光。那围墙，像所有城墙一样，总有些残破的豁口。我们本可以下楼去使用它，可是，大家知道，它的开掘曾搅起东河的沉滓。在贝尔维尤，对于东河有个明文规定：不管谁掉下去，都将是传染病科的急诊病例，而复苏后要采取的最初措施，就是给予大剂量的抗生素，不管什么抗生素，医院的药房能供应什么就用什么。

但假如把东河澄清，你会得到满城的湖光水色，至少能点缀曼哈顿东区。假如把帝国大厦和邻近的高层建筑连根拔起，你立马会得到一个内海。在适当的地方钻几个洞，水就会下灌地铁，那你就会有一些可爱的地下运河横贯哈得逊河，北逼城北哈莱姆河，南通巴特雷（the Battery），那将会是一个地下威尼斯，就差没有鸽子。

不过，这还不行，除非你能想出个法儿别让鱼进来。纽约人不能忍受活在露天池里的活鱼。我解释不了这件事，可事情就是这样的。

有一个新的池塘，比贝尔维尤湖小得多，在第一大道东侧，七十号大街和七十一号大街之间。它是去年什么时候冒出来的。在扒了一排旧公寓楼，为建新的公寓楼挖好地基之后不久，就有了它。到现在，它已是曼哈顿区一个不大不小的池塘了，一个街区长，四十英尺（1 英尺 = 0.3048 米，下同）宽，中心部位可能有八英尺深，略呈肾形，很像个超尺寸的郊外泳池，只不过有些漂浮物，而且，现在有了金鱼。

有了金鱼，这池子似乎就极为讨厌了。从人行道上就可清楚地看见，有好几百头。在曼哈顿的其他池边，行人们通常会从围墙豁口观鱼。可这儿不一样。四邻的居民们经过时，往往要越过街道，走另一边，眼睛看着别处。

对这池塘，已有了一些抱怨。实际上，这些抱怨毋宁说是针对那些金鱼的。人怎么能干这种事？遗弃宠物阿狗阿猫，就够坏了，是什么人，竟然能忍心遗弃金鱼呢？那些人定是趁夜深人静，端着鱼缸，往里一倒了之的。他们怎么能做得出来？

有人找了防止虐待动物协会。一天下午，他们的人带着划艇来了，用了渔网，把鱼捞起来，放进新式的禁闭鱼缸带走，一部分送往中央公园，一部分带到防止虐待动物协会总部，放到养鱼池里。可是，那些金鱼已经下了籽，或者是那些深夜端鱼缸下楼前来的人还继续来，鬼鬼祟祟，没心没肺地往池里倒。不管怎样，鱼太多，协会捞不胜捞，简直是老机构遇到了新问题。一个官员在报上发表声明说，将要求财产的所有者们用水泵把水抽干，然后，防止虐待动物协会再来，把它们一网打尽。

看人们议论纷纷时那神气，你会认为，那是些老鼠或蟑螂。把那些金鱼弄出池塘，怎么弄我不管。必要的话，用甘油炸药也行，可要除掉它们。有人说了，冬天将至，那池塘那么深，它们会在冰下面游来游去的。把它们弄出来。

我想，作祟的不是那些金鱼，而是所有曼哈顿居民头脑深处关于东河的知识。玻璃鱼缸里的金鱼对人心是无害的，说不定对人心还有好处呢。可是，听任金鱼自生自灭，自我繁殖，更有甚者，还能在东河那样的死水潭里幸存下来，不知怎么，就威胁到我们全体。我们不愿意想到，有些条件下，特别是在曼哈顿水塘那种条件下，竟然有存在生命的可能。那里面有四个破轮胎，数不过来的破啤酒瓶，十四只鞋子，其中有一只是橡皮底帆布鞋，而在整个水面上，都是看得见的灰蒙蒙绿莹莹的一层。那是曼哈顿所有池塘的老住户。池塘边的泥土不是通常农田里的土，而是曼哈顿垫地用的复用土。那是积年的垃圾，化石了的咖啡渣、葡萄皮，城市的排泄物。有金鱼在这样的水中游，一小群一小群神秘地倏忽而来，倏忽而往显然还在吃东西，看上去又健康，又得意，像在最昂贵的水族馆的玻璃橱窗里的同类们一样，这就意味着，我们的标准有问题。在难以言喻的深层意思上，这是一种侮辱。

有一次，我想我发现了一种特别的鳍，那是水面下两条鱼之一的背鳍。随着一阵狂喜，我突然想到，在这样一个池塘里，有着各种化学上的可能性，没准儿会含有某些诱变因素。这样的话，不久就会生出一群群突变型的金鱼来，我想，只要给它们多一点儿时间就成。然后又想——我还从来没有这样用最典型的曼哈顿思路想事情——下个月，防止虐待动物协会就会再来，带着他们的划艇和渔网。财产所有者会来抽塘里的水。渔网不停地抛，划艇往下降，然后，防止虐待动物协会的官员们将会突然惊叫起来。一阵阵扑扑棱棱，灰蒙蒙绿莹莹的水花四溅，在池塘的四周，金鱼们就会用新长出的小脚，爬上四岸那种纽约城填地用的陈年老土，爬上人行道，四散爬开，横过马路，爬进门厅，爬进防火太平门，其中有些在小脚上长着小小吸盘的就爬墙上楼，钻进开着的窗户，寻找什么东西。

当然，这种情形不会持续很久。这种事从来就长不了。市长会来，亲加申斥。卫生局会来，建议从城外购进食鱼的猫类，因为城里的猫们生来就讨人厌。全国健康研究院会从华盛顿派来大队专业人员，带着新型的杀鱼喷剂——这种产品四天后将被撤销，因为它对猫有毒性。

不管怎样，数星期后，事情就会过去，就像纽约的许许多多事件一样。金鱼们会潜形匿迹，无影无踪，池塘里就会扔满橡皮底帆布鞋。会有工人前来，到处倾倒水泥。到明年，新楼矗起，被人住满，那些人将对他们的特别环境曾经造成的效应一无所知。可那曾是多么动人的一幕。

科学家的诗人之心

1913 年，刘易斯•托马斯出生于美国一个外科医生家庭，后来就读于普林斯顿大学和哈佛医学院，毕业后做过几年医生，好像从此要走在一条惯常的子承父业的平淡无奇的道路上。但在第二次世界大战后，他却成为一个有经验的行政官员，辗转领导了明尼苏达大学医学院、纽约大学贝尔维尤医疗中心、耶鲁大学医学院等好几个教学、科研和医疗机构。同时，他并未因为繁杂的行政工作影响自己的医学研究，成为一个享有盛名的病理学家、美国科学院院士。当他于1994年去世时，人们加诸他身后的称呼已经是如此繁多了：医生、病理学家、教授、行政官员、诗人和散文作家。

在我们这样一个栏目里，当然会更关心一个科学家，一个医生，一个行政官员是如何让命运之神施了魔法，获得诗人之心并奇迹般地成为一个散文作家的。关于这一点，托马斯作品的中译者李绍明先生讲了这样一个故事：

1970年，托马斯在任耶鲁大学医学院院长时，应邀在一个关于炎症的学术讨论会上作"定调演说"。他轻松幽默的泛泛而谈被录了音，不知怎的，演说的整理稿传到了《新英格兰医学杂志》主编的手上。那位主编是托马斯实习医生时期的年兄契友，他喜欢这篇东西，便请托马斯为他的杂志写一系列短文，让他照此泛泛而谈，条件是题目不限，一字不改。托马斯本具文才，可惜大半生献身研究，只好搁起他的锦心绣口，去作那些刻板的学术论文。得此机会，他自然乐于应命。一连写了六篇，甫议搁笔，但已经欲罢不能了。热情的读者和批评家要他把专栏写下去。于是，他一发而不可收，连写了四年，这时出版商已争相罗致出版。The Viking Press条件最惠，许他不加修补，原样付梓，于是，我们就有幸看到了这本辉煌的小册子。

这本小册子名叫《细胞生命的礼赞》，共收入科学随笔二十九篇。

托马斯后来又坚持在《新英格兰医学杂志》上写了四年，又是二十九篇，编为第二本集子《水母与蜗牛》。本期推荐给大家的文章就选自他第二本科学随笔集子中。而这本集子的二十九篇文章中，托马斯谈论的话题与探讨这些话题时所涉及的领域都十分宽泛，而绝非一个医学领域可以限制。

就拿我们所选的这两篇文章来说，《绝妙的错误》给我们耳目一新之感。人类历史上虽然错误不断，但整个人类的文化，整个人类求知求智的努力中，就包含着不犯或少犯错误的巨大努力。DNA 的发现，揭开了生命延续与遗传的众多秘密，也是人类获得新知正智的一个辉煌的成果，但托马斯却告诉我们：

“能够稍微有些失误，是 DNA 的真正奇迹。”

他还进一步幽默地说：“假如由我们来干这事，我们就会发现某种途径去改正这些错误，那样，进化就会半路停止了。”当然，更多的时候，科学家们已经找到了一个词来表达这种现象，这个词是“变异”，而这个变异便掩饰了我们面对自然界的伟大错误时的那种尴尬。想想，袁隆平们为培育良种而寻找的那些超凡的植株，不正是基因错误的奇妙结果吗？

《池塘》一文，关注的是我们早已熟视无睹的习见现象，但是，面对这样一个我们每个人都曾见过的，一个城市建设与扩张中随时可能出现的景象，却发出了联翩的有关生态的感慨。而且，这种感慨是在对景象的描写中步步深入展开的。生态，是今天受过教育的中国人，每个人都会挂在嘴边的词，但我们总以为生态是关于濒临灭绝的熊猫等物种，是尚未从刀砍斧劈的命运中解脱出来的遥远的森林。我们的生态永远在嘴上，在远方。而在近处，在眼前，在生活中，我们仍然毫无愧疚地使用无法降解的塑料饭盒、塑料袋，我们仍然毫无节制地使用水，污染水。而托马斯的这篇文章至少告诉我们，生态就在我们身边。今天，中国的城市正在轰轰烈烈地建设，在疯狂地扩张，这些水塘也在无数城市中央那些建筑工地上出现，只是里面没有金鱼，有金鱼也不会有人来保护性打捞。只是"扔满橡皮底帆布鞋"，还有更多肮脏腌口的垃圾。然后，托马斯教授所看到的情形一定会出现："会有工人前来，到处倾倒水泥。到明年，新楼矗起，被人住满，那些人将对他们的特别环境曾经造成的效应一无所知。"

我的信念

[法]玛丽·居里

生活对于任何一个男女都非易事，我们必要有坚韧不拔的精神：最要紧的，还是我们自己要有信心。我们必要相信，我们对一件事情是有天赋的才能，并且，无论付出任何代价，都要把这件事情完成。当事情结束的时候，你要能够问心无愧地说："我已经尽我所能了。"

有一年的春天里，我因病被迫在家里休息数周，我注视着我的女儿们所养的蚕结着茧子，这使我极感兴趣。望着这些蚕固执地、勤奋地工作着，我感到我和它们非常相似。像它们一样，我总是耐心地集中在一个目标。我之所以如此，或许是因为有某种力量在鞭策着我——正如蚕被鞭策着去结它的茧子一般。

近五十年来，我致力于科学的研究，而研究基本上是对真理的探讨。我有许多美好快乐的回忆。少女时期我在巴黎大学，孤独地过着求学的岁月；在那整个时期，我丈夫和我专心致志地，像在梦幻之中一般，艰辛地在简陋的书房里研究，后来我们就在那儿发现了镭。

我在生活中，永远是追求安静的工作和简单的家庭生活。为了实现这个理想，所以后来我要竭力保持宁静的环境，以免受人事的侵扰和盛名的喧扰。

我深信在科学方面，我们是有对事而不是对人的兴趣。当皮埃尔·居里和我决定应否在我们的发现上取得经济上的利益时，我们都认为这违反我们的纯粹研究观念。因而我们没有申请镭的专利，也就抛弃了一笔财富。我坚信我们是对的。诚然，人类需要寻求现实的人，他们在工作中，获得最大的报酬。但是，人类也需要梦想家——他们对于一件忘我的事业的进展，感到强烈的吸引，使他们没有闲暇，也无热诚去谋求物质上的利益。我的惟一奢望，是在一个自由国家中，以一个自由学者的身份从事研究工作。我从没有视这种权益为理所当然的，因为在 24 岁以前，我一直居住在被占领和蹂躏的波兰。我估量过在法国得到自由的代价。

我并非生来就是一个性情温和的人。我很早就知道，许多像我一样敏感的人，甚至受了一言半语的呵责，便会过分懊恼，尽量隐藏自己的敏感。从我丈夫的温和沉静的性格中，我获益匪浅。当他猝然长逝之后，我便学会了逆来顺受。我年纪越老，便越会欣赏生活中的种种琐事，如栽花、植树、建筑，对诵诗和眺望星辰，也有一点兴趣。

我一直沉醉于世界的优美之中，我所热爱的科学，也不断增加它崭新的远景。我认定科学本身就具有伟大的美。一位从事研究工作的科学家，不仅是一个技术人员，并且他还是一个小孩，在大自然的景色中，好像迷醉于神话故事一般。这种魅力，就是使我终生能够在实验室里埋头工作的主要因素了。

了解整株大树

当名叫智慧的种子破土而出，向蓝天伸展叶片，向泥土蔓延根须，成长为一棵大树的时候，人类知识的主干上，开始分蘖出茁壮的分枝。最初的分枝，当然是人文科学与自然科学朝向了各自的空间。不管是外视浩瀚的宇宙空间，还是内省混沌的心灵世界，都有无比广阔的领域。于是，知识大树上分枝越来越多，越来越细密。到今天，知识的大树已经参天耸立，人类在这株大树下充分享受着它制造出来的新鲜氧气，充分领略那遮天蔽日的荫凉。

开始的时候，知识树与我们比肩而立，任何一个有兴趣的人，都能清楚地看清这株树的全貌，看清它坚挺的主干上萌发着更多的分枝，还有一枚枚闪烁着无限生机的叶片。有一天，这株树的成长突然加速，我们这些站在树下的人，抬头仰望时，看到的也只是枝杈纠结密不透风的树木巨大伞盖的某一个局部了。

有求知欲，有好奇心的人面对这种情形，打开一部沉重的百科全书，面对众多的词条，就会发现要按图索骥给头顶上那些纠结的枝杈也本身的名目都很困难，虽然百科全书上每一个词条都会在这株大树上有一个对应的存在。

大众站在树下，各种有成就的学问家在树上努力工作，在细密的枝杈上寻找萌发新枝的可能。于是，真正的科学在公众眼里就成了一个复杂的迷宫。就是大多数生活在树上的成就者也不再了解整株大树的全貌。每一个学科都成为一个独立的国度，与另外的国度失去了应有的联络。

在这棵参天大树上，更严重的分离出现在人文与科学之间。

这种情形的出现首先妨碍了那些住在树上的人，使我们的时代缺乏真正意义的集大成者，使公众清晰地看到世界的真实面貌，深刻地理解人类生存繁衍的意义。当然有人会说，在任何时代都只有少数人操心这样的问题。但是，现在人类庞大知识系统的每一个部分都告诉公众，未来是可以随意支配的。但公众却怎么也看不清楚那个未来的面貌，大包大揽自命不凡的伪科学便自然地大行其道了。

这种学科细分，文理分离的局面反映在基础教育中，便是过早的文理分科，人文教育与科学教育在教学模式与考试制度上人为对立，从而把数以亿计的少年中国人引入到一个不正常不全面的方向。史蒂芬·霍金在《公众需要科学观》一文中尖锐地指出："可惜中学的科学教育既枯燥又乏味，孩子们依赖死记硬背蒙混过关，根本不知道科学和他们周围的世界有何相关。"这位住在牛津的科学家指责的是他本国的教育，但我们的教育何尝又不是这样。当教育本身也成为人类知识体系这棵大树上一个分支很多的庞大学科时，学校教育也亦步亦趋，从课程设置到教学方式，离开了人类知识大树的根本，一上来指点给读者的都是树上的枝枝杈杈。我国有一个成语，叫窥一斑而见全豹，这表达了一种获得卓越见识能力的理想，也是知识分子力图达到的高超境界。可是，对于正在夯筑知识平台的中学生来讲，一开始便期望他们从无本之处横枝溢出，就显得不切实际了。我们想教给青年一代更多的科学知识，但方法本身便失去了科学的依托。

此种教育方式影响所及，便是受教育人口的综合素质下降。那么，在中国这样一个不是所有人能充分享受到教育机会的发展中国家，一个在成长期中，对人才有着全面而巨大渴求的国家，受教育人口综合素质下降又会造成什么样的结果呢？

其实，这种局面的造成，不只是教育界单方面的事情，出版业界也难辞其咎。当应试教育提供了很多出版与赢利机会的时候，我们提供给学生的是大量的视野狭窄、应试完毕之后便毫无用处的习题与教辅材料。出版界必须承认，在学生读物的出版方面，我们既没有科学品格，更遑论经常口口声声的人文关怀了。

现在，全社会和教育界已经痛感我们教育方式的弊端，并准备着尝试予以革新。但是，一种制度性的改革并非一段可以朝发夕至的航程。而且，青少年教育与全民素质的提高，也绝非是教育界单方面的责任。出版从业者应该在学生读物的开发方面有所反省与检讨。

在这里，我们保证所选篇目都是卓有成就的科学家阐述科学基本原理，传播科学理念的文章，但氤氲其中的却是含蓄蕴藉的文采，是非专业但却与其专业同样功力深厚的文学功底，更为重要的是，其中体现了科学大家们对人类精神家园的强烈的责任感，人性至大至善的光芒。

这种文体一般称为随笔，因为是科学家所写，又是从科学的角度来观照世界，观照生命，所以，又称为科学随笔。我们将其称为科学美文，一方面是因为科学在终极层面与美学能够达到高度的和谐，另一方面是说，自然学科与人文学科，科学理念的传达与文学审美，并不处于一种对立的状态。阅读这些文章时我们会发现，在一些知识结构相对完备的科学家那里，科学与文学，观察与审美，理性的分析与感性的表达总是相得益彰，时时处处在给我们带来新知的同时也给予深切的审美愉悦。

我们开辟这个专栏的目的，就是为了让过早地在树上那些看起来生机勃勃的枝杈上开始求知过程的人，回到大地上来。回到大地，就是回到知识大树的根本，充分吸收科学与人文精神的复合养料，然后再逐渐升高，萌发成知识大树上最富生力的新枝，开成最灿烂的花朵，长成最饱满的果实。

在太空中理家

[美]杰瑞·M.利宁杰　张传军 张帆 译

在太空中，我花了近一个月的时间，才算完全适应了做一个太空人。对飞行与飘浮，从软管里吮吸经过脱水、净化的食品我都变得习以为常。24小时的时间变得没有意义—— 一天之中太阳会升起15次。衣服变成一件可以牺牲的东西——我穿一段时间，然后扔掉。我头脚倒置睡在墙上，排泄在管道里。我觉得自己好像一直就生活在那里似的。

尽管在太空中飘浮时，进行跑步运动也是可能的，但没有重力的拖拽，跑步不用费力气。飘浮时奔跑几个小时也不会觉得累，但不幸的是，对自己也没什么作用。无论怎样，要获得任何训练效果，都需要增加负荷。因此，在登上跑步机之前，我得穿上铠甲。这铠甲紧得就像冲浪者穿的那种类型，且连接在跑步机两侧固定着的金属板上，铠甲会用70公斤的力将我猛压到跑步机上——以此来模仿重力。

在地球上，我是如此喜欢户外活动，以致什么都不能阻止我跑步、骑车、游泳——或所有三项——每天的练习。但踩在跑步机上我觉得跑步时肩上像坐着什么人。我的脚底，不能适应任何负重，每一次练习的前几分钟都像有针扎了进去。随着训练程度的加强，我的跑步鞋会因为底板摩擦而升温，有时候，甚至到了能闻到橡胶灼烧味道的程度。

就像《奥兹国的男巫师》里的锡皮人，我觉得所有的关节都需要加油。穿在身上的一百多磅重的铠甲，只能部分地分散我身上的负重。在人为的负重之下，我的肩膀和臀部都会痛苦地反抗。不可避免地，肩膀、臀部的疼痛灼热与摩擦发热将不断加重。我发现自己不断地调整铠甲位置想分散这种定点的疼痛，但只是白费力气。我这习惯了太空生活的身体不欢迎锻炼，坚持一天两次一小时的训练需要耗费我能够掌握的所有意志与自制—— 一旁还有萨沙的袖珍光盘播放机正在大声喧哗。

我需要运动。人的身体，在不用花费力气的宇宙中闲置，就会急剧虚弱，骨质疏松，肌肉萎缩。如果五个月后，我不用再变成地球人，那么身体机能退化就没什么大不了的。但不久以后，我必须抱着我 25 磅重的儿子散步，此外，如果在着陆时有什么紧急情况发生，我得依靠自己的力量从航天器里出去。锻炼是克服失重造成的体能衰退的一种方法。

我的躯体终于变得灵活了。我的脉搏从静态时的每分钟 35 至 40 下变成 150 下。尽管不太舒适，锻炼仍给予了我一种休息—— 一种放松方式。一旦处于舒适的跑步节奏，我会闭上眼睛，想象着慢跑在自己最喜欢的回家路线上—— 公园，孩子们玩耍的垒球场，摇摆的树林。这样做会使时间过得更快。

有时候我会想起自己死去的父亲，我强烈地感受到他的存在，也许是因为我人在天堂，离他很近。我会与他默默地交流，告诉他我很想念他。他看上去快乐而满足，为我而高兴。尽管有时候，我会热泪盈眶。与爸爸交谈感觉真好，和他在一起很舒服，流泪之后人也感觉好得多。

有时候跑步是一种纯粹的欢乐，我觉得自己在跳跃欢唱。尽管我在地球上从没有遇到过人们常说的跑步者的兴奋点，在太空中跑步时，我真的达到了陶醉的程度。在“和平”号的跑步机上，我发觉自己既体会到了跑步的兴奋，又感受到了跑步的沮丧。

我也喜欢上了非官方的记录数据。在我的第一次飞行中，当我们飞到美国上空时，我定下了秒表。接下来的 90 分钟，我开始不停不停地跑。飞船以每小时 17500 英里的速度在地球轨道上运行一周，需要 90 分钟的时间。我环绕了地球。我瞥向窗外，又一次看见了美国。《跑步者的世界》杂志后来写了一篇关于我不停地跑步，绕世界一周的文章。登上“和平”号后，我重复了这项举动好几次。尽管我不太在乎自己到底进行了几次不停的奔跑，我只想说，我曾经绕着这个世界奔跑了一两次。

当我不在跑步机上跑的时候，就没有什么力量将我往下拽，也没有什么来压迫我的脊椎。我长高了。

起飞那天我的身高略微不足六英尺。但我在轨道上待了一天之后，就成了整整六英尺。在轨道上的第二天结束后，我量得六英尺两英寸。“呵，”我想，“也许等我回到地球就可退役，开始在NBA 打球了。我每天都在长高。灌篮应该没有问题，实际上，我可以飞到篮板上，然后从篮筐往下扣！”

到第三天结束，我的生长完成了，我仍旧是六英尺两英寸。以后在太空中的五个月，我保持了 6.2 英尺，在我回到地球的第一天则缩回到我离开前的正常身高。

我的 NBA 梦仅此而已。

我们的服装包括一件棉 T 恤，一条棉短裤和一双汗袜，没有供应内衣。T 恤与短裤都是没劲的颜色，稍微好看一点的那套是令人作呕的绿色，领口镶了艳蓝色的边。俄罗斯产的棉布真是太薄了，衣服几乎是透明的。不仅如此，没有一条短裤是有松紧的内裤。客气一些，我只想说，短裤太松，而任何东西在太空中都会飘浮。这套衣服真是够可以的。

在飞行之前，我的俄罗斯教练教导我，出于卫生的原因，在太空中不到三天就得换一次衣服。不幸的是，在拿到“和平”号的服装行李清单时，我们发现，船上的衣服只够我们每两星期换一次。

一套衣服穿两星期是有些久了。船上没有淋浴设备，没有洗衣房。“和平”号冷却系统的故障使空间站的温度持续一个多月上升到 90 多度。在太空中使劲地踩跑步机，我会大量地出汗，汗水在脸上凝成水珠。

我努力适应这两星期的日程，而不太为自己感到恶心。第一周，我会日夜穿着相同的衣服。第二周，这些衣服就会变成我的跑步装。我会将锻炼服装放在电冰箱冷冻装置的排风扇附近，使得汗湿的 T 恤在早晨到黄昏两次运动之间变干。但多数时间是，在我下午踩上跑步机之前，得穿上仍旧潮湿的 T 恤。

穿了两星期之后，我发现那衣服真是令人讨厌透了。我会将潮湿的衣服团成球，用导管将它们缠起来，然后我会将球扔进“前进”号垃圾车里。“前进”号在再次进入大气层时会烧毁，这对我那可恶的、臭气熏天的破布来说，是个合适的结局。

“和平”号上没有淋浴或盆浴，太空中的洗澡过程等同于在地球上用海绵搓澡——还得外加失重与缺水造成的困难。

要洗澡，一开始，我得将水从配给装置盛入一个装有特种低泡沫肥皂的锡箔小包里。然后，我会插入一个带有自动开关折叠装置的麦管。接着，我摇动小包，打开折叠，往身上挤几点肥皂水。如果我保持不动，水会变成小珠子附着在皮肤上。然后我用一块类似 4 乘 4 英寸棉纱垫的布，把水抹遍全身。因为在洗澡过程中布变得很脏，我总是最后才洗脚、胯部与腋下。

对于我过长的头发，我则使用一种不用冲洗的香波。这种香波不需要水，直接将香波倒在头皮上，然后搓洗。理智上，我知道我的头发不比使用香波前干净多少——尘土能到哪里去？——但心理上觉得干净一些。

在我的保健箱里有俄罗斯人提供的一种特殊护牙用品——能戴在小指上的套型湿润棉纱垫。在手指上套上棉垫，搓洗牙齿和牙龈。尽管不是什么天才设计，我宁可把克莱斯特牙膏挤在牙刷上。为了不使嘴里的液体与泡沫飘起来，刷牙时我得尽可能将嘴闭上。刷完牙后，我会将多余的牙膏和水吐在曾用来洗澡的同一块布上，然后除去头发上的香波。

在太空中，刮胡子不是件容易的事，而且十分浪费时间。我会往脸上挤少量的水，表面张力与我的胡茬使水附着在脸上。每刮一下，刮胡膏和胡子的混合物就会暂时粘在刀片上，直到我将其放到使用了一星期的脏毛巾上。每放一次，我就会滚动毛巾来抓住丢弃物。

因为花费时间太多，我选择每周刮一次刮子，即在每个星期天的早上。我不留大胡子是因为，如果在突发事件中我需要戴上防毒面具，胡子可能会阻碍全脸面具的密封。一周刮一次胡子变成了一种计时的方法，如果在镜子里瞥见一张脏乱的脸孔，我就知道是星期五或者星期六，我又熬过了一周。

我的床是光谱太空舱后面的一堵墙，对面的地板上有一台通气扇。因为在太空中热空气不会上升，这里没有空气对流。风扇是使空气流动的惟一途径。

睡在一个不够通风的地方，你很可能会像是在一个氧气不足与二氧化碳过剩的罩子里呼吸。结果会导致缺氧与换气过度。人醒过来时会感到剧烈的头疼，且会拼命吸气。

出于这个原因，我头脚倒置睡在墙上，头冲着那台运行的风扇。我用一根 BUNGEE 绳或是一条尼龙褡裢防止在夜里飘走。我见过其他宇航员在睡觉时到处飘浮——他们在晚上绕着飞船飘浮，通常撞上过滤器的吸入一侧时才会醒来。

这就是我怎样在太空中生活了五个月，尽管不太方便，我并不因为缺少愉快事物而厌烦。记得我还是小男孩的时候，晚上洗澡常常呻吟抱怨，在这种意义上，我认为空间站是小孩子的天堂。另外，蓬乱、不刮胡子，甚至有点乱糟糟的，似乎很适合太空探险的景象。我们毕竟是在前线的冒险者，我们忙得根本无暇顾及自己看上去怎样或者闻起来怎样。

在我回到地球之后，《人民》杂志投票推选我为“1997年十大最性感的男人”之一。杂志从十种不同种类的男士中进行选择。演员乔治在名人类中夺魁，并成为《人民》的封面人物。我在探索者与冒险者一栏中胜出，登载在内页。当电视谈话节目主持人奥普拉制作名为“《人民》的十大最性感男士”的节目时，她问我当选是否感到意外。

“是的，肯定的。”我回答，“在五个月没有理发，没有淋浴，只有偶尔的刮刮胡子之后——这样的荣誉肯定是意想不到。”

我说我最喜欢满是静电的图像向地传输的工作。讲述完起飞、太空行走、在火球中返回的激动时刻之后，她问我人生中最最伟大的经历是什么。

我告诉她，答案十分简单：我儿子的出生。无论是在地球上还是离开地球，都没有什么能比得上它。

伟大中的平凡

苏联时期发射升空运行的和平号空间站，在超期服役了相当长的时期后，已经重返大气层，坠落于浩瀚的太平洋中。这个为人类太空探索与科学研究作出过独特贡献的空间站，其运行的后期，故障频仍，吸引了全世界的目光；它光芒四射的陨落，也在人们心中，激发起了许多复杂的情感。美国宇航员杰瑞·利宁杰是最后登上和平号，并试图努力延长其太空寿命的少数宇航员中的一个。平安归来后，他把这传奇的历险经历写成了一本书《太空漂流记》。这本书的副标题更加直截了当：《"和平号"空间站上的历险》。

这里所选的文章正是该书的第 18 章。

本来，这本书里还有一些章节读起来更让人感觉美妙，比如第 15 章《凝视地球的光芒》。但是，我最终还是把《在太空中理家》推荐给读者。因为，那一章就像一部交响曲最为华彩的部分，但有些过于强调一个宇航员生活与我们平凡生活的不同之处了。

而利宁杰本人似乎更愿意强调宇航员这份工作，与世界上其他工作一样更日常的那一面。他自己就说："特殊化是针对那些没有什么出息的人来说的。男人应该能换一次尿布、跑一次马拉松、造一所房子、写一本书、欣赏优秀的音乐和在宇宙中飞行。"你看，他把宇宙飞行与什么样的事情并列在一起了，而且，这些话是他写在宇航员申请表格上表达他对于宇宙飞行看法的。想想我们中国人的表达方式，即便是青年人星期天出去从事几小时志愿活动，也会把这种轻而易举就可以做到的行为，与一些巨大的目标联系起来，会使用国家、未来、民族等伟大的字眼。我相信没有人会写出利宁杰这样的句式。人家把伟大的行为描述得平凡，而我们则把一些人人都应该且可以做到的事情，变得伟大，变得高不可攀。于是，很多即便出于真情实感的话听起来也像一个谎言。

我还想说说利宁杰自己在书中提到的那张宇航员申请表，这张申请表要求申请人在表上列出自己的一些专长。在说出利宁杰所列的专长前，请想想如果你申请做一个中国宇航员或申请一份高技术工作，你会写些什么？我想我能猜得出一个大致情形来。利宁杰是这么写的："木工、制图、小型机械维修、电线连接、洒水系统安装、水泥工、铅锤和砌砖。"按当下媒体上的说法，是没有白领的风范，而俨然一个蓝领技工老实巴交的口吻。

但是，后来，他的这些手艺只有砌砖与水泥工在险象环生的和平号上没有派上用场。

而在我们的教育中，太多空泛的说教，太多陈旧的知识，太多伟大的情感，太少平凡的努力。现在，有很多关于中美教育异同的讨论，也许，以上这些材料可以作为一些生动的例子，给我们一些启示。

利宁杰在这本书的序言中平实而骄傲地说："现在，我已经在太空中飞行过，围绕这个星球超过2000次。在最后的旅程中，我在俄罗斯的和平号上呆了将近5个月，运行的距离相当于从地球到月球的110个来回。尽管我填写我的第一份宇航员申请表的时候还是孑然一身，现在我已经有三个男孩了。我知道怎样换尿布。我跑过一两次马拉松。我的音响总在狂吼。虽然我还没有建造一所房子，但我已经搭建过附加棚，并将放工具的阁楼改建成可以居住的房间。此外，我正在写一本书。"

有了这些话，我需要再说些什么吗？我认为不需要了。

寻舟出航

[美]戴维·费尔津　赵复垣 译

这里不是一个我们经常聚会的地方。剑桥大学的拉戈比8人赛艇队，其中包括我自己，正紧张地坐在学校的这只虽然有些旧但是仍然漂亮的帆板上，等待着参加我们的第一次划船比赛。这支队伍是一个不同类型学生的奇怪组合，惟一相同之处是每个队员都身着蓝色加金色的运动衫。不知什么原因使我们幻想着，必定有人会帮助我们成为一支大获全胜的金牌队。

我忽然发现了和我们站在一起的另一个人。他的个子矮一些，没有穿和我们一样拉戈比的运动衫，戴一副深色的牛角框眼镜再加一顶干净的麦秸编的草帽。

“那是谁？”我问我旁边的人。

“霍金，斯蒂芬·霍金。他是我们的舵手。”

“有点像个花花公子，”有人壮着胆子说，“不过他聪明绝顶，物理系二年级学生。”

我模糊地记得好像在学校饭厅里吃晚饭时见到过他走过大厅，并听到过他的声音，但除此之外对他毫不了解。此时斯蒂芬·霍金坐在船的一头，我坐在船的另一头，并没有说话的机会。在正式比赛之前我们训练过三次，训练中必须学会很多东西。我忘记了当时的教练是谁，可这不重要，只记得他教我们非常卖力。可是我觉得教练和我们 8 个人都明白我们这个队不比别人占有优势，可我们当中只有斯蒂芬·霍金信心十足。他在掌舵时大声喊叫着鼓励我们，不让我们放弃任何努力，在比赛的第一天他使我们相信了我们这个队还是大有希望的。

在河道的狭窄处，没有足够的宽度让参加比赛的船并肩前进，所以比赛是“追撞”比赛。每一只船都努力追赶前面的船，同时又被后面的船追赶，后面船上担当舵手的人要敏捷地引导所在的船撞一下前面的船，然后两只船就同时靠向河边退出比赛。第二天在比赛的起始点两只船就交换一下位置，所以在 4 天比赛中一只表现出色的船就可以晋阶 4 级。

在比赛的出发点上，我们占有从去年学校的拉戈比 8 人队那里继承下来的位置。在发令员的枪响以后，斯蒂芬·霍金指挥我们以极快的速度出发，这使得后面的船不能追上我们的并与我们相撞。但我们并没有急于追上我们前面的船，这只船正在拼命追它前面的船。斯蒂芬巧妙地掌舵，避免我们被后面的船所“袭击”。突然，后面的船停了下来，原来它被它后面的船撞上了。

斯蒂芬开始暗示我们看到了胜利的曙光。他知道我们周围没有别的船，因此可以免于被袭击了。我们中的其他人也都意识到，看来我们能够也必须划完全程了。由于前面还有很长的距离，我们自然地开始稍微歇一歇。但斯蒂芬却一点也没有放松，他指挥我们继续全速前进，直到我们一个个都筋疲力尽地达到终点为止。这使得我们第二天在河上的同一位置继续这场比赛，而且重复前一天的整个赛程。

可是我们很快就“学乖”了。在后来的 3 天里，为了避免再次划完全程之苦，我们故意让我们的船早早地被别的船撞上。但是想到斯蒂芬为我们的目标所做出的努力，我记得我为此模模糊糊地感到有些内疚，可我的负疚感后来在校园生活中很快地消失了。同样的感觉变化也发生在我与斯蒂芬的接触中，但我难以忘却那在草帽和眼镜之下的年轻人的坚毅的性格及在比赛中必胜的信念。

后来我没有再遇到斯蒂芬。我以实习生的身份到了 BBC（英国广播公司）工作，埋头于电视节目的制作，那时我只知道斯蒂芬去了剑桥攻读理论物理博士学位。我开始采集各类新闻，包括后来我获悉斯蒂芬得了遗传病。他可能已经知道这种病会导致他失去对全身肌肉的控制，这是一种可怕的预后（根据症状对病症的经过和结果所作的预测），对任何人来说都难以接受，但是斯蒂芬的必胜信念和无比坚强的意志会帮助他无畏地承受这突如其来的打击。我已经听说，斯蒂芬的疾病在某种意义上成了他的一种动力，使得他认真考虑在一生中还能做些什么。斯蒂芬意识到，疾病给他带来的挑战与其说是身体上的，不如说是心理上的。

很多人都熟悉斯蒂芬与疾病作斗争的不同寻常的故事，他不得不在轮椅上生活，气管被切开而且失音。但是他仍然保持着敏捷的思维，借助固定在轮椅上的计算机和一部语音合成器的帮助，他的研究工作在继续进行。依靠手指在一个压力垫上的轻微运动，斯蒂芬可以移动计算机屏幕上的鼠标，从一个专门的数据库中来选择单个词汇甚至整个段落；如果需要的话，他也能拼写出一个个单词。这样，斯蒂芬可以在计算机上写出从妙趣横生的笑话到讲义，甚至整本的书。如果他想说话，他就启动他的语音合成器来宣布他都写了些什么。

你也许会设想这可能会导致某种缺乏个性的谈话。事实上，斯蒂芬已经非常聪明地学会了怎样通过没有情感的计算机来充分地表达自己。为了节省时间，他喜欢使用简单的语言。这种简单的语言在最初也许会给人以不耐烦和心不在焉的感觉，可是很快地，跟随着充满魅力的语汇和优雅的陈述，你就会意识到这其实是一种迅速表达出中心论点的高效率的敏捷才思，而且到处都洋溢着一种独具的幽默感。我记得有一次在美国麻省理工学院，斯蒂芬被介绍给一群颇有身份的听众。院长首先热情地介绍了斯蒂芬的科学成就，然后斯蒂芬灵活地操纵着轮椅进来了，全体听众起立并长时间地鼓掌欢迎。当掌声最终停下来后，是一片含蓄的寂静，听众们在等待斯蒂芬的不同寻常的致辞。斯蒂芬打开了他的美国制造的语音合成器，非常精确地掌握着节奏，只用了短短的不到 10 个单词，他就赢得了这群有着不寻常智慧的听众们的心。“上午好！”斯蒂芬说，“我希望你们喜欢我的美国口音。”

他的坚毅性格会使人很快忘记他身体的残疾而顿生赞赏之情，他的学术成就使得他成为著名的科学家而相形之下他身体的残疾却变得暗淡失色。作为剑桥大学的辛卡辛氏数学教授，他和他的前任们有着同样的出类拔萃和光辉夺目的智慧与心灵，这些前任中有在本书将要提到的、并且在几乎任何一本涉及物理学史和宇宙学史的书中都要提到的伊萨克・牛顿和保罗・狄拉克。像他们一样，斯蒂芬在科学上的贡献已使他自己在科学史上占有一席之地。斯蒂芬不像一些人那样，虽然作出了杰出的科学成就，但其成就却遗憾地不为一般公众所理解。斯蒂芬决心要使更多的人懂得宇宙学，为了通俗易懂，他在写《时间简史》时，决心不使用通常被认为对宇宙学研究是最重要的数学语言。在这本书的序言中霍金解释说，有人曾经半开玩笑地警告他，在他的书中，他每次引用一次数学方程，他就要失掉读者人群的一半。所以在这本书中他只允许自己引用一个数学方程（爱因斯坦的 $E=mc^2$）。即使如此霍金也流露出了他的担心，他不无幽默地说，看来这已经使书的销量减少了 50%。

实际上霍金的担心是多余的，《时间简史》取得了极大的成功。在许多年中，《时间简史》一直是全球范围的畅销书之一。已经有了两三部关于《时间简史》作者霍金的电视片，但其中却没有一部能够很好地驾驭有关的科学内容。作为 BBC 电视台的科学和专栏节目负责人，我当时在策划一个新的专题。为此，我决定在剑桥一别 30 年后再次会见斯蒂芬・霍金。

走进斯蒂芬・霍金所在系的那座朴实无华的建筑物，我的心情有些惴惴不安。不管怎么说，上次我见到他时他还是完全健康的，我感到难以预见会有什么情况发生，可是事实证明我的担心又是多余的了。当我坐在他的身边，看着他想说些什么就把什么用手通过键盘输入计算机时，很快就得以放松下来。任何两个正常人的谈话，都要比等待语音合成器来“说”出他输入到计算机中的内容快得多。有时在他输入完一句话中的全部单词之前，我就能猜出他要说的大致意思；在我感觉到我们在某一问题上出现共识时，禁不住要打断他正在做的而马上表达出来。斯蒂芬对我的有些性急的举动泰然处之，然而他也在努力使我这种本能的冲动归于平静。当他想输入完一个句子而避免被我中途打断时，他就启动语音合成器果断有力地发出一声“是的”，这一手还真的收到了奇妙的效果。

在这次访谈结束时斯蒂芬表示：他对再制作诸如“在一个残疾的身体中隐藏着一个才华横溢的头脑”这类内容的电视片毫无兴趣，而只关心电视片是否以科学内容为主题。我告诉他我同意他的观点，并且说我认为要一步步地清晰地揭示出宇宙的奥秘，可能需要多达 6 集电视片。那么节目又该怎样分集和表达呢？我倾向于使用一个类似《爱丽丝漫游奇境》中的主人公式的人物，她作为一个天真又无知的小学生，将在旅行中向一个又一个的宇宙教父提出这样那样的问题。斯蒂芬对我的这个想法有些不以为然，他倾向于使用例如伽利略这样的历史人物作为主要的提问者。他的根据是，伽利略对宇宙的认识多少类似于今天一般公众对宇宙的认识，电视片可以表现伽利略考察对宇宙认识的现代观点和一般公众的观点之间的差异。我和斯蒂芬达成了共识，我去写 6 集连续电视片的脚本，然后再由斯蒂芬过目。

我很快地就埋头于这项工作中。给斯蒂芬写电视片脚本，要比在 BBC 的繁杂的人际关系中做出某些困难的管理方面的决断要令人心情愉悦得多。过了不久我就意识到，我实际上是很想摆脱原来的管理工作岗位而回归于创作工作。我绝不打算把这项有新鲜创意的工作交给别人，这是我自己真正想做的那种事情。

试着去回答那些貌似简单而实际上涉及广泛又极具基础性的问题，这件事有很强的诱惑力。诸如“为什么我们会待在这里？”“宇宙的本质是什么？”“天地万物是怎样开始的？”“时间在哪里才会结束？”这样一些问题。在给出一个问题的答案时经常又会引出一系列新的问题，而且就算是不超越人们的理解能力，答案也往往令人目瞪口呆。还有就是回答有时不仅不能解决问题，反而使问题更复杂了。比如要理解黑洞和时间弯曲就必须先懂得引力理论和量子力学，而后者解释起来恰恰是很困难的。这有点像剥一个洋葱头的皮，每当你揭下了一层，你就必须接着面对更下面的层次。这种一层层揭下去的结构似乎是无穷无尽的。

我终于理解了这一点。我不得不从“洋葱”的中心开始一层层“揭”起，而不是从它的最外层开始。假如你对宇宙完全一无所知，那么你如何还会想揭示宇宙的奥秘呢？我们的全部知识必须是从某一点上开始，然后一步步地发展起来，进入到今天的在很大程度上数学化了的宇宙学研究。假如像我本人一样的门外汉也可以一步步地重复这一发展进程的话，那么可以肯定其中每一步都已经被阐述得清清楚楚了。

沿着上述的思路越来越多的审视我的对象，我发觉我对事情就看得越来越透彻。现在我知道我必须做些什么了。当斯蒂芬赞同，BBC 也同意我提前退休来集中精力撰写电视片脚本和专著时，一切必须的条件都就位了。我们有一个计划，有一只即将出航的船，斯蒂芬将再一次为它掌舵导航。我将作为一个完全的初学者再次搏击水上，但这一次我下决心一定坚持到航程的终点，不管这次的赛程有多么漫长和困难重重。

超越

一个人一旦成为一个传奇式的人物，好运气就势不可当了。

开始时运气特别不好的物理学家霍金就是这么一个人物。不好的运气使他整天深陷在轮椅里仰望星空。有一天，他的脑子轰然一声，从这个天启一般的声音开始，他从茫茫星海中看到了宇宙起源的秘密。一个瘫痪的人脑子却受到了天启，这是传奇的第一幕。这一幕的主题是说：一个瘫子也可以比常人站得更高。在他之前，也有一应伟大的物理学家说过一句话，意思是，我所以看起来高大，是因为我站在了巨人的肩膀之上。而现在，霍金之前的牛顿、爱因斯坦这些伟大的物理学家会发现，压在他们肩膀上的不是双脚，而是轮椅沉重的轮子。

这个传奇的第二幕是他在凝视之后，用数学推想出了时间演进，也就是宇宙演化的秩序。但是，当他把这个秘密传达给公众的时候，却成功地避免了专业的数学语言。于是《时间简史》这本书便把这个传奇推向了高潮。老实说，这本书除了使用了爱因斯坦那个著名的能量公式以外，虽然成功规避了数学化的表述，但是，仍然是一本抽象的书，一本不容易弄懂的书，一本需要特别宏大的想象能力的书。

但是，这已经没有关系了。

这个人，这本书都成了一个传奇。传奇本身就有很多神秘的成分，不需要一一地去弄得明明白白。传奇都是具有一点让人似懂非懂的、有些不可思议的特性。不然，就不能称其为传奇了。于是，这个人的名字就差不多尽人皆知了。于是，这本书的各语种的版本也就不胫而走了。于是，这个人的好运气便势不可当了。

第一次想到这个问题是某年在美国，那天由阿西莫夫夫人引导着去参观自然历史博物馆。在看完一个蒙古恐龙化石的展览之后，我们排队去看了一部穹幕电影。靠在椅子上稍稍抬起头，头顶的穹幕在悠远激扬的电子音乐中变成了浩渺的星空，然后，像乘上了风驰电掣的太空梭，一切流逝的飞快流逝，一切诞生的在壮丽地诞生！于是，我们看到了时间，溯时间河流而上，看到了宇宙的过去。这是一部直观的、电影版的《时间简史》。看完电影，我们经过纽约那些多少多少号大道的街口，在其中一幢楼下，看到一束漂亮的鲜花放置在水泥地上。朋友告诉我说，这便是约翰·列侬被歌迷枪杀的地方。

从那里望出去，灰色的水泥大道延伸到视线尽头，那里，有他青春遥远的歌唱发出的回响。也许约翰·列侬的好运气不是甲壳虫乐队的突然走红，而是这猝然降临的死亡，就像霍金的瘫痪一样。那天，在大街上走得累了，我们去到邻近的中央公园。那里，一场大雨过后空气清新，巨大的树木青翠欲滴，草地中央的湖水里浮动着自在的水禽。这样的安详与静谧中，我们谈起了时间，谈起了时间之中延展不止的宇宙，和宇宙中人的命运。

所以，霍金的理论已经不仅仅是一个科学的问题了。记得看过一本美国历史书，是讲南北战争的。在北方取得了一次至关这次战争胜败的关键性战役胜利后，林肯到该地发表了一个演讲，一位受伤被俘的南方军中尉躺在床上看了报上刊登的这篇演讲，他对躺在病床上的所有南北两方的军人说，我想见到这个人，想见到北方人的总统林肯，因为他对阵亡将士表达的痛惜与敬意，超越了南北两方，甚至超越了战争，而接近了生命的本质。他说，我要用生命对敌方的总统表达最高的敬意。

这里，最让人激动的一个词，便是“超越”。

霍金正是在凝望星空，追索时间的意义与来龙去脉的时候，超越了一个残缺的生命，越越了所有人的生命本体，而使思想带着生命的热力，在广阔的宇宙中自由地飞翔。如果我们不需要这种超越感，那么，时间对于我们就是悄然流逝的每一天罢了，并不需要思之久远。但是，人的生命就是需要这种超越之感，一种智慧凌驾于万物之上的超越之感。所以，霍金才用他的生命谱写出一段特别的传奇。这个世界上才有那么多人这么入迷到沉溺到这段传奇中来了。

走马观花看银河

[美] 肯·克罗斯韦尔　黄磷 译

银河系中栖息着数千亿颗恒星，它们彼此差异极大，几乎无一完全相同者。最亮的恒星一天中发出的光，比太阳今后 2000 年内发的光还多[1]；而最暗的恒星是如此暗淡，如果用其中一颗代替太阳，那么正午时分的天空将比月夜还要昏暗。银河系中最热的恒星因产生大量紫外辐射而呈蓝色；最冷的恒星则显红色。最大的恒星如果放在太阳系的中心，它就会触及土星；最小的恒星却比夏威夷群岛的几个主岛还要小。银河系最老的恒星可以追溯到 100 亿 ~150 亿年前银河系本身形成之时，而最年轻的恒星比你我还年轻。

然而所有这些恒星，亮的、暗的、热的和冷的、大的和小的、老的和少的，都属于同一个巨大星系，犹如数十亿各类植物、动物和人居住的地球。如果是上帝创造了宇宙，如果可以根据创造物来评判造物主，那么上帝必定喜欢多姿多彩，因为我们的地球和我们的银河系双双陶醉在自身的多姿多彩之中。

银河系居民的差异部分源于它的庞大，因为银河系比宇宙中大多数

[1] 太阳在单位时间内的发光量叫做太阳的光度，是表示其他恒星或星系光度的常用单位，其数值为 3.826×1033 尔格每秒 =5200 万亿亿马力。

其他星系大得多也亮得多。每一颗肉眼能见的恒星，包括太阳在内，都是银河系的成员，而银河系是如此巨大，太阳绕其中心运行一周需要 2.3 亿年。设想一位天文学家用 1 厘米代表日地距离来绘制银河系图，他将需要一张比整个地球大得多的纸才能完全包容银河系。在这张图上，银河系中心到太阳的距离是 1.7 万千米，相当于太阳到银河系中心的实际距离 2.7 万光年。

甚至太阳到银心的距离也不足以描述银河系的大小，因为太阳离银河系边缘比离银心更远。包含太阳在内的银河系盘体叫做银盘，它是银河系中呈烙饼状的明亮部分。它含有旋臂，使得在银河系外的观测者看来，银河系就像一架玩具风车。银盘边缘到其中心大约 6.5 万光年，所以银盘的直径约 13 万光年，但银盘只是银河系的一部分，有些不属于银盘恒星，还远在它的外边。

在这些遥远恒星之外，银河系统治着一个范围超过百万光年的王国，至少有 10 个比银河系小的星系在围绕银河系运动，如同一群卫星绕一个大行星运动。这些伴星系是受银河系万有引力控制的银河王国的属地，其中最大的也最著名的两个是含数十亿颗恒星的大、小麦哲伦云，而银河王国的最遥远前哨基地则是离银心约 89 万光年的一个仅有几百万颗恒星的矮星系。

银河系不仅巨大，而且生性好动。每过一秒钟，明亮的黄色星大角就移向太阳 4.8 千米，明亮的白色星北落师门远离太阳 6.4 千米，太阳自己则围绕银河系的轨道运动 220 千米。同银河系的所有居民一样，这些星在各自的轨道上绕银河系中心公转，恰如行星绕太阳运行，其结果是银河系总在变化之中。今天，一颗叫做半人马座 α 的明亮三合星离我们 4.3 光年，是太阳最近的邻居，但几百万年以后，半人马座 α 将远在 100 光年以外。

银河系的其他方面也在变化，它每年在散布于旋臂各处的恒星育儿室中产下大约 10 颗新恒星。最著名的恒星育儿室是猎户座佩剑上肉眼看似模糊光斑的猎户座星云，那里就点缀着数百颗新诞生的恒星。包含气体和尘埃的猎户座星云正是被它新创造的这些恒星照亮的。太阳以及其他遍布银河系的闪闪发亮的恒星，都是以前在这样的育儿室中诞生的。

但恒星也是要衰亡的。每 100 年内，在银河系的某处，会有一颗大而亮的恒星耗尽了燃料，以超新星的形式爆炸而抛掉碎块。银河系里观测到的最后一颗超新星发生在天文学家还没有望远镜的 1604 年，以后大概爆发过其他超新星，不过由于爆炸地点太远及气体和尘埃的遮挡而未被发现。银河系的下一个超新星可能出现在任何时候。

不过大多数恒星的死亡并非如此壮观，而是较平静地把外层大气抛掉，形成围绕星体的膨胀气体泡。这个膨胀气体泡叫做行星状星云，这不是由于它们与行星真有什么关系，而是由于它们在小型望远镜里看起来更像行星的延伸圆面而非恒星的明锐亮点，最著名的行星状星云是天琴座中美丽的环状星云。太阳将以这种方式结束其生命，它的大多数邻居也将如此。

恒星的死亡究竟是以平静的方式还是通过剧烈的超新星爆发，取决于它诞生时拥有的质量。一颗恒星若其诞生时的质量小于 8 倍太阳质量[1]将产生行星状星云，大于 8 倍太阳质量则爆发为超新星。

恒星死亡事件在空间和时间上似乎离我们十分遥远，然而我们的生命却依赖于很久以前，甚至是太阳和地球诞生前死亡的恒星。我们吸进每一口空气的分子中，就有 21% 是人类生命不可须臾缺少的氧。氧存在于空气、水和我们的血液中，可是在宇宙创始之时是完全没有氧的。地球上的几乎每一个氧原子，都来自爆发的大质量恒星。这些恒星内部的热把较轻元素转变成氧，并在爆炸时把氧抛入银河系。然而大质量恒星数量很少，猎户座中明亮的蓝色星参宿七是它们的最著名代表，它到我们的距离大约是 900 光年。

另外一些类型的恒星给银河系增添了其他重元素，如碳和氮。碳是地球生命的主要成分，氮占地球大气的 78%。大部分碳和氮不是通过爆炸而是通过产生行星状星云结束其生命的恒星的内部形成的。行星状星云膨胀而消散时，就给银河系添加了碳和氮，其中一些进入后来诞生了太阳和地球的气体尘埃云，你和我就是用这样一些原子造成的。

维持生命必需的另一个元素是铁，它有两个来源。你的血液中的一部分来自爆炸的大质量恒星，即生产了氧的同一些恒星，但大部分铁出身于

---

[1] 太阳质量是天文学中表示天体质量的常用单位，其值约 2×10^{33} 克 =2000 亿亿亿吨，是球质量的 33 万倍。

比较寒微的白矮星。在银河系的恒星中，白矮星占 10%，最近的白矮星离我们只有 8.6 光年，它正围绕着明亮的天狼星运动。尽管白矮星为数众多，但它们如此小而暗，以致没有一颗能为肉眼所见，它们过着十分平静的生活。但是，白矮星能够接收从另一颗恒星来的物质，由此爆发为超新星而毁灭自己。白矮星的超新星爆发与大质量恒星的超新星爆发大不相同，后者向银河系抛射大量的氧，白矮星则产生大量的铁。现在你血管里流动的大部分铁是很久以前也许位于银河系另一边的白矮星爆发时提供的。这些铁原子可能在银河系中游荡了数十亿年，然后才有一部分进入一个气体尘埃云，在那里首先形成了太阳和地球，46 亿年之后又诞生了你和我。

如何站在水中看到一条河

大家都记得苏东坡“不识庐山真面目，只缘身在此山中”的诗句，并且都叹服于其中所蕴含的深刻哲理。

当我阅读《银河系》这本科普名著的时候，突然想起了这优美的诗句，并觉得用其来形容人类对银河系的认识是再恰当不过了。如果说当年的诗人身处于“横看成岭侧成峰，远近高低各不同”的群岭之中而难于获得对于“此山”的总体印象的话，那他还可以走出群山，或者从更远的距离遥望，或者从更高的高度来俯瞰，这样，那群山整体的起伏与聚集便会整体呈现，他的迷惘便消失了。但人类要认识银河系，却无法退到一个更高远的地方，来远观或俯察银河系的全貌。大家知道，直到今天为止，银河中一个小小的太阳系的全部对于人类来说，还是一个不可穿越的遥远而巨大的存在，更不要说什么时候我们可以跳跃到银河系之外来观察银河了。所以，人类可能永远身居于银河之中来认识银河星系，一代代天文学家都试图越来越精确地为公众勾勒出银河系的全貌。

这篇文章选自一本优秀的科普著作《银河系》，本书的作者克罗斯韦尔是哈佛大学的天文学博士，他长期跟踪追寻天文学界的最新成果，并把这些成果用通俗的方式传递给公众。他为在二百多家电台播出的通俗天文科普节目"星星约会"长期撰稿，同时在许多畅销刊物上发表通俗科普文章。这本书开篇他便写出了为何会对银河系如此沉迷的原因：

"设想你以1万亿倍于光的速度在太空飞行，星系将一个接一个在你身边掠过，每个星系由无数恒星组成。星系杂乱地散布在宇宙的四面八方，就像大片沙滩上的沙粒。在广阔的宇宙中，每个单独的星系都是微不足道的。但有一个星系却与众不同，那就是我们所在的银河系。"

这位先生还说，银河系是宇宙中最重要的星系。他这么说的原因何在？因为"我们生活在银河系中，我们的生命受惠于银河系，我们绕着银河系的一颗恒星运动，而且我们的身体是用银河系恒星中产生出来的物质构成的。"

人类的宇宙视野就从银河系中的一颗又一颗星星向外慢慢扩展。从太阳系到另外的恒星，再到银河系，然后，再从银河系向河外星系步步扩展。

所以，举世公认揭示银河系的真貌是人类最困难的任务和最伟大的成就之一。

在没有电力提供照明能源，科学家也没有发明出电灯之前，人类夜晚的生活总是黯淡的。也许生活在那样一个蒙昧时代的惟一好处就是：人们可以在暗夜里仰望星空，看见密集的星星构成一条星河横过我们头顶的深远夜空。那时，银河像一抹神秘的光芒俯视大地，在漫漫长夜里引发人们许多美丽的想象。希腊人想象银河是一条“奶路”。流传甚广的希腊神话中说，这是宙斯与他的情人所生的儿子抓伤了宙斯妻子的乳房，把乳汁洒向天空所形成的。而澳洲那块孤悬的大陆上的土著居民们认为，银河是创造万物的造物主在造物疲倦之后，在天上于临睡之前点燃营火所弥漫出来的烟。而中国的古人则认为银河是阻隔了一对叫做牛郎与织女的无情之河。

直到 1609 年，这一切想象被科学的观测无情地打破。一个名叫伽利略的人把望远镜指向了我们头顶这条如烟如雾的光之河。伽利略说：“事实上，银河不是别的，而是汇聚成群的无数恒星的大集合。无论把望远镜指向它的什么部位，大量恒星立即进入视野。它们中的许多相当大而明亮，小的恒星则多得根本数不清。”

19 世纪，一位叫威廉·赫歇尔的年轻音乐家从德国移居英国，突然在 34 岁时爱上了天文学。而且一爱上便志存高远。那时候的天文学家都沉溺于对我们置身的太阳系进行观测与研究，他却一开始便把观测与研究的目标定在了整个银河系。他自制了大型的望远镜，开始了雄心勃勃的绘制银河系全图的计划。夜复一夜，他的望远镜镜头朝向天空一点点转换角度，终于在1785年绘制出了人类历史上第一张银河结构图。用今天的眼光来看，那张银河全图远远谈不上精确与周密，甚至还有许多致命的错误，但是，这是人类观察银河走出最伟大的第一步。

今天，我在这里推荐给大家的这本书，和从这本书中节选出的《走马观花看银河》所勾画出的银河系概图，正是从伽利略到赫歇尔再到后来众多天文学家的巨大努力的结果。而这本书，除了正面为我们勾勒了银河系的全貌，也为我们讲述了许多科学家为此作出的巨大努力与惊人发现。

现在，我们知道，银河不是在我们的头顶流淌，而是在我们四周环绕，并无休无止地旋转着，它所能告诉我们的比它本身所蕴含的还要多出很多很多。如果作为银河系居民的我们，不能像专业人士一样看到更多的意味，那么，认真阅读这篇文章，科学家们至少告诉了我们，如何站在盈盈的水中看到我们身处其中的这条宽阔的河。

人与鼠

[美] 艾萨克·阿西莫夫　王鸣阳 译

对于人类来说，小动物其实比大动物更危险。当然，由于显而易见的原因，单个的小动物绝不像单个的大动物那样可怕。对付小动物需要花的力气较少，它们容易被杀死，还击力量也较小。

有些哺乳动物遇上敌人其实根本不还击，干脆逃之夭夭。小动物正因为身体较小，容易躲藏起来，溜进各种角落和缝隙不让敌人看见，避过劫难。它们除了被人类和其他食肉动物捕杀用作食物外，一般情况下，由于体形较小，不会引起注意。

此外，在一般情况下，一个小哺乳动物单独对周围环境的影响微不足道。小动物一般比大动物短命，生长也快，这就意味着它们性成熟较早，生育也较早。不仅如此，比起大动物来，生成一个小的哺乳动物所需要的能量要小得多。小哺乳动物的怀胎期较短，一胎下仔的数目也要比大哺乳动物多。

例如，一个人要到 13 岁左右才性成熟，妊娠期达 9 个月。一位妇女一生中生 10 个孩子就十分了不起了。如果一对夫妇生 10 个孩子，所有这些孩子长大后都结婚，又都生 10 个孩子；以后，他们又结婚，又都生 10 个孩子。那么，到第四代，原来那对夫妇便会有 1110 个子孙。

可是，有一种挪威鼠，出生后 8~12 周便能性成熟。它一年能生育 3~5 次，每一窝有 4~12 只小鼠。这种鼠寿命很短，只能活 3 年。可是在这短暂的一生中，它一般能生 60 只小鼠。如果这 60 只小鼠每一只又生 60 只，如此繁衍下去，那么到第四代，也就是到大约第九年，就会一共生出 219660 只鼠。

如果这样一只鼠在 70 年人的寿命那样长的时间里不受限制地繁殖，那么到最后一代，就会总共繁殖出 5 × 1042 只鼠。它们的总重量几乎是地球重量的 1 × 1018 倍。

这些挪威鼠当然不会全都存活下来，只有极少数的鼠才能活足够长的时间，可以充分生育。不过，死去的鼠从更大的范围看并不全是一种浪费，因为它们又是更大动物的美餐。

尽管如此，由于鼠类“多产”，也就是说，由于它们具有迅速大量繁殖的能力，单独一只鼠实在无足挂齿，杀灭掉一些鼠也实在没有多大用处。尽管一切鼠类都在人类有意识地加以消灭的动物之列，而那些幸存下来的鼠又总能迅速繁殖，及时补上损失，让人毫无办法。事实上，动物越小，它们的个体越不重要，它们作为一个物种的生命力就越强，对人类的潜在威胁反而更大。

不仅如此，巨大的繁殖力还会加速进化过程。如果在有一代，大多数的鼠都受到了某种毒药的危害，或者养成了某种危及自身的不良习性，那么肯定也会有一些鼠只，由于随机突变的结果，有幸获得了对那种毒药的特殊的抗药性，或者凑巧养成了一种有利于自身的习性。结果，这些具有抗药性和有利习性的鼠只就能存活下来，传宗接代，而且，它们的后代多半会继承下它们的抗药性和比较有利的习性。这样一来，不要多长时间，人类用来对付那种鼠，企图减少它们的数目的任何一种办法，便都会失去效力。

这样看来，鼠类似乎真是狡猾得很。不过，它们表现出来的这种狡猾只不过是因为它们的身体很小的缘故，并非真正有什么智慧。要知道，我们对付的并不是单个的鼠，而是它们巨大的繁殖力，一个不断进化的物种。

事实上，如果说在生物当中有一种特性非常有利于物种的延续，从而使该物种取得较大的成功的话，那就是巨大的繁殖力。

我们习惯于认为生物进化的归宿就是获得智慧，其实这只不过是我们人类的立场。牺牲繁殖力而获得智慧从长远的观点来看到底是否称得上是胜利，这实在大可怀疑。人类实际上已经毁掉了繁殖力不是特别强的许多身体较大的物种，然而对于鼠类，连减少它们的数目都显得无能为力。

对于物种的存活具有重大价值的另一个性质是杂食性。吃一种食物而且只能吃一种食物，可以使动物的消化系统变得非常适应那种食物，新陈代谢十分有效。一种动物只要有充足的它所需要的那种食物，便不会发出营养问题。例如，澳大利亚的树袋熊只吃桉树叶，它们只要待在桉树上简直就像住在天堂里。可是，单一的食性只能依靠环境的赐予，在不生桉树的地方，就不会有树袋熊，除非在动物园里靠人工饲养。一旦所有的桉树都消失，树袋熊便会绝迹，连动物园里也见不到踪影。

但是，食性杂的动物却比较能适应环境的变化。它们喜食的食物没有了，也能凑合着吃其他不那么可口的食物，存活下来。人类所以比其他灵长类动物更兴旺发达，一个原因就是杂食，几乎什么东西都可以进食，而其他灵长类动物则主要是吃植物，例如大猩猩只吃植物。

对于我们人类来说，不幸的是鼠类也是杂食性动物。我们吃什么，它们也吃什么。因此，我们人类走到哪里，它们也跟到哪里。如果要问今天对我们人类威胁最大的哺乳动物是什么，那么，那不是狮子，也不是大象，回答竟然是老鼠。因为只要我们愿意，我们便可以把狮子和大象消灭干净。

睁眼与闭眼的乐观主义

在纽约时，曾经到曼哈顿去拜望阿西莫夫夫人，请这位著作颇丰的科普作家出任科幻世界少年版《飞》的顾问，她没有丝毫犹豫便欣然应允了。并当即就把正在美国一些报刊的科普专栏上连载的稿子打印出来给了我们，希望能在《飞》上连载。

我和怡雯此行还有一个重要的目的，便是看看阿西莫夫生前生活和工作的地方。老太太带领我们穿过曼哈顿楼群中某一幢三十六楼上一个又一个的房间。在卧室窗口，放着一架望远镜。阿西莫夫生前喜欢端着这架望远镜，久久站在窗前，白天，望着中央公园青碧草地中央那小小的湖面上优游的水禽，夜晚，望远镜转向深远的星空。我不知道阿西莫夫借助望远镜延伸视线时，脑子里有些怎样的思绪，也不知道这样的瞭望与他众多的科幻小说与科普著作间有着怎样的关系？带着这样的揣测，我在主人已经永远离去的书房里流连。在那个家里，有一个书橱里，里面装满了阿西莫夫先生的著作。没有想到的是，告别时，阿西莫夫夫人从这个书橱里抽出几本书，郑重签名送给了我们。回国不久，便看到了其中一本的中译本已经面世了。书名是《终结抉择》，这本书专门探讨人类正在面临或可能面临的各种灾难。书的副题就叫《威胁人类的灾难》。

阿西莫夫把我们可能面临的各种灾变分为了五类：

第一类：宇宙灾变，讨论的是我们这个宇宙发生各种巨大变化，以致于不再适合人类生存的灾难；

第二类：太阳系灾变，整个宇宙运行如常，但是，太阳出了问题，以致整个太阳系的环境极度恶化，而不再适合人类生存；

第三类：地球灾变，我们头顶天空中的太阳照耀如常，但地球遇到了不测之灾，而人类从此失去这个蓝色的美丽家园；

第四类：地球仍然如常在自己的轨道上旋转，依然花红柳绿，碧云蓝天，但是某种灾难性事件发生了，导致了人类和一些生物的毁灭，却仍然有别的生命形式留存下来；

第五类：人类仍然生存在地球上，但是因为某种事件，人类的文明被毁灭了，知识与技术的进步停止，又回到洪荒的蒙昧状态中去了。

依次排列下来，越靠前的灾难离人类越遥远，也越不可抗拒；而最后一类灾难的可能性已经隐藏在我们的生活中间，我们的内心中间。经常有读者会讨论科学与科幻是应该对世界的未来保持悲观还是乐观，甚至有人认为作品中出现了悲剧的结尾，便是悲观主义。其实，这样的看法是不够全面的，科学的悲观大部分时候是发布一个预警。打一个简单的比方，我们看天气预报，气象台的专家们总是把台风、暴雨、洪峰等作为预报的重点，发出预警的声音，但没有人出来指责气象专家是危言耸听的悲观主义者，但更多的科学家与科幻作家发出一种更深远的预警时，却可能换来许多的质疑。其实，在我看来，能够正视未来生活远景中危险性因素的人，才是对人类的创造力与应对能力保持乐观的人。真正的乐观主义有时需要超凡的勇气作为基础。有勇气正视困境的人，是睁开眼睛的乐观主义。

与之相对的是一种闭上双眼的乐观主义。这种乐观主义，不正视现实，也缺乏科学的质疑精神，四处制造没有科学依据与现实依据的大团圆结局。

你说哪一种人最后能成为真正的乐观主义者？我想，答案是不言而喻的。

所以，阿西莫夫说："只要我们保持理性，只要我们多施仁义……只要我们认识到我们的敌人……是贫穷、愚昧和自然法则的冷酷无情，那么，我们就能够解决我们面临的一切难题。"

以上文章出自这本书中的第四类灾变中的生存竞争，其中一节专门讨论小动物运用什么样的策略来与看似强大的人类争夺生存空间，并以老鼠和昆虫为例来具体分析。我节选了与鼠有关的这一部分，标题系由编者钦加。

身处鱼类世界，生物学家倍感孤独

[美]马利斯·西蒙兹　孙骅 等译

在生物学家迈克尔·古尔丁的眼里，巴西的贝伦是“世界上最伟大的进化研究殿堂”。作为研究亚马孙河盆地寥寥无几的学者之一，古尔丁在浊浪滔滔的河面上度过了几个月的时间。这是一个神奇的地区，一条河里的生物种类超过了北美洲所有水域中鱼的种类之和。

这位38岁，来自加利福尼亚州的生物学家在谈到他记录的四百多种鲜为人知的鱼类时掩盖不住内心的高兴，他兴致勃勃地谈起鱼类和树木之间的关系。这是他在亚马孙河的一个重要发现，这一发现使得他在同行中名声大振。

古尔丁是一个天生的野外工作者，有时他的中饭是一种名叫西猯的美洲野猪，晚饭则是一种长得很像火鸡的库拉索鸟，经常与他为伴的有电鳗和毒蚂蚁，他晚上过夜的地方很有可能会在半夜里突然坍塌滑落。

现在人们越来越多地显示出对砍伐热带森林的关注，各国政府及国际援助组织对热带雨林所蕴藏的生物财富表现出极大的热情和兴趣，然而像古尔丁博士这样的学者不但没有为此感到欣喜，相反，他感到忧心忡忡。因为尽管人们对热带雨林生态系统的关注似乎在增长，古尔丁博士注意到从事热带自然研究的人越来越少，人们似乎更偏爱技术含量更高一些的实验工作。

像许多热带生态学家一样，古尔丁博士警告说随着热带雨林的破坏，河流将以极快的速度被永久地改变，许多物种在还未被人们发现之前就灭绝了。

古尔丁博士说："博物学已经不时髦了，它无法和观察细胞、移植基因竞争。"他还说，"科学"概念含义变了，生物学家对野外的博物学研究已失去了兴趣。他说："有人动用了大量的资金到这里来研究青蛙唾液的生物化学成分或者某种鱼的脑细胞，如果我们对多数鱼类物种一无所知的话，那样做有什么意义？"当他走在壮丽的帕拉河岸上，他指着眼前开阔的水域说道："亚马孙河流域如此辽阔，我们现在连它的基本状况都不了解，有些研究机构想立刻把这一切列出一个目录来，这不是解决问题的办法。"

他接着说："列生物种的清单并不重要，我们需要了解的是一种互动的关系，这个生态体系是如何运转的，这样，我们可以从中学到点什么。"

要做到这一点需要长时间的、不舒适的、孤独的观察。古尔丁博士说："实验室工作回报更高，而且没有染上疟疾或是肝炎的危险。"他在贝伦有一间凌乱的办公室，但是他把大部分时间花在乘船考察亚马孙河众多的支流或者在河岸旁露营上面，有时他不得不花去一整天的时间躲避暴风雨。各种水里游的、天上飞的、陆地上走的动物都可能伤害他，而它们的咬伤很可能是致命的。

但是工作的回报令人振奋。比如，在可以和海底珊瑚礁媲美的亚马孙河支流里奥内格罗河里生活着大约 700 个鱼类物种，而美国和加拿大加在一起只有 500 种。

古尔丁博士用独木舟探索河的上游，他专程去拜访印第安人和其他居住在河边的人们。古尔丁博士说印第安人有非常丰富的博物学知识，他们谈话中最多的话题是动物和植物，但是随着越来越多的印第安人被同化，这种有关动植物的知识正在消失。

为了说明生态系统的重要性，古尔丁博士举了一个很有说服力的例子。他说每年生命的循环始于夏季，这时上涨的亚马孙河及其支流淹没大约 10.4 万平方千米的森林，虽然印第安人对这一现象已熟视无睹，但古尔丁博士是第一个详细记录这个过程的科学家：鱼是如何依靠森林生活，它们以吃树叶、昆虫、野果和种子为生，有些鱼，比如水虎鱼，甚至可以用它结实的臼齿和强健的下颚咬开坚果。体型较大的鱼类反过来又帮助树木的繁殖，因为它们吞下树种，把这些种子带到另一个地方，然后把它们排出体外，让它们落地生根。

一种适应性很强的鱼是水虎鱼的近亲，它能长到 91.4 厘米长，27.2 公斤重。它的颜色极富伪装性，黑色、橄榄色和苔绿色在阴暗的被洪水浸泡的森林里很难分辨出来，但是这种鱼最明显的特点是它的牙齿，它的臼牙比较宽，可以咬碎树种和坚果，它还长有切牙和长而细的鳃耙，幼鱼可用它来捕捉浮游生物。

在一次研究中，古尔丁博士发现在他检查过的 96 条这种鱼中，近一半的鱼腹中有咬碎的橡胶树籽，1/5 的鱼肚子里有嚼烂的棕榈树果实，这种果实的直径可以达到 5 厘米。另一位生物学家伊万·萨其玛在巴西西部地区研究以野果为食的鱼类。据他介绍，这些鱼或者等待果实成熟后从树枝上落到水里，或者从垂到水里的枝头直接采摘它们，因此渔民们常常模仿树的姿态，他们知道假如他们垂直向水面丢下一个果实，准会招来鱼儿。然而亚马孙河流域的森林正在不断遭到牧场主和以种植黄麻和水稻为生的农民的破坏，损害是显而易见的，古尔丁博士对此确信不疑。古尔丁博士的工作是由世界野生动物基金会赞助的，他的任务之一是研究可食用鱼的管理，他说："森林被砍伐，鱼的觅食范围缩小，可食用鱼的数量也随之减少了。"

亚马孙河出产了世界最大的淡水鱼类——巨骨舌鱼，它能长到 4.6 米长，但是这条河里多数鱼的体长为 2.5 厘米到 5 厘米。

许多科学家认为在热带地区研究河流体系的任务要比研究植物更加紧迫，因为河流面对的是更剧烈的变化。在亚马孙河流域，发展中的城市和工业，森林面积的减少以及新筑的堤坝正在几千千米的范围内改变这条河的化学结构。

古尔丁博士说："在人类还未来得及研究它，堤坝已经永久地改变了某些河流的生态环境，在大瀑布和水流湍急的河段，一些种类的鱼已经适应了狂暴汹涌的河水，有些鱼完全丧失了视力，并且长出了奇怪的大大的鳍，然而水坝的突然出现，把一切都改变了。”古尔丁博士说，在亚马孙河不可避免地被改变之前，人类不可能完成对它的研究，这项任务太艰巨，而从事博物学和生态学研究的人又太少。他说在20世纪是无法做完这件事的。

古尔丁博士不是惟一的为热带地区野外研究工作担忧的人，有关人士已经敦促美国政府优先考虑热带生物的研究，否则将为时过晚。这份报告提出要增加5倍的动植物分类学者，目前只有1500名处理热带生物的分类学家。这份报告还指出因为缺少专业方面的机会，以及有关方面对其他领域的偏爱，这个数字还在减少。

领导密苏里植物园的生物学家彼得·雷文说：“我们对多数生物群了解甚少，由于我们太被动，所有的信息正在从我们指缝中溜走。”

从历史上看，热带国家在生物研究方面投入很少，雷文博士在接受采访时这样说道。美国1987年财政年预算为16亿美元，国家基金会为热带分类学研究的拨款为400万美元。

包括英国在内的欧洲曾在19世纪产生过许多伟大的博物学家，然而各种迹象表明，欧洲也失去了兴趣。雷文博士说：“欧洲人后退的步伐甚至比美国人还要快。”

阅读的乐趣

读书除了充满趣味，有时候，阅读的机缘也跟人际的遭逢一样，充满了偶然。比如，这几天，老是遇到一些影视表演明星，前些天跟在电视剧《像雾像雨又像风》里有精彩演出的孙红雷一起喝茶聊天。刚刚又接到电话说，晚上有一个饭局，是跟出演过《笑傲江湖》里某角色的李解聊天吃饭。读书生活也是一样，刚刚读过一本《西风吹书读哪页》，里面全是选自《纽约时报》的精彩的图书评论文章，接着又有一本叫《帝国回忆》的书来到手上，里面全是外国记者记述晚清时代中国社会风貌的书，其中的文章，大多也是出自《纽约时报》，是一个有心的中国人，在美国工作期间，查阅图书馆中的旧报精心编辑而成。这本书刚读完，又是一套六本科普著作放上了我的案头。巧的是，这六本书，也全都是选自《纽约时报》的科普文章！

在美国街头，曾经看到大摞大摞的《纽约时报》，但因为文字的生疏，对这份颇有影响的报纸并没有产生什么特别的感觉。身处异乡，还是看到一张印满方块字的报纸感觉更加亲切温暖，就像在中国电视上看翻译成中文的“探索频道”节目觉得新奇而切近，但在美国电视上看到英语播出的原版节目时，那种亲切熟稔的感觉便又荡然无存了。

现在这一连串通过中文图书与一份外国报纸奇妙的相遇，让人不能不生出些梦幻之感！

在这些从一份报纸辑出的文章里，先是在图书里与一些伟大的书、一些伟大的作家相遇，然后，又与中国的过去相遇，接着，又在这套六本的书里与科学相遇！我们每天都在阅读报纸，早上上班的路上，便有报贩们危险地穿行在汹涌的车流中间，五毛钱便可以透过车窗拿到厚厚一摞印满了字的新闻纸。但是，翻遍这些纸张，可以看到明星轶事，足球黑哨和杀人放火等事件醒目地刊登在报纸上。但是，从这些报纸上，你肯定找不到眼下印在书里的这样的文章。特别是找不到过几十年编辑成书，还保持着美感并让人有所获益的文章。车开到路上，汽车收音机里都在大量报道沙尘暴袭击一个城市又一个城市的消息，虽然我所在的这个城市正下着霏霏春雨，我却恍然有种正置身荒漠的恐惧之感。自然界的荒漠化在从边疆地带向城市推进的时候，城市中心正在十分现代化的表象之下，出现文化的荒漠。我们有那么多的媒体，即便不是没有，也确实是越来越少能听见科学与人文的声音了。这个世界上，只有科学的与人文的声音才具有真正的美丽、真正的理性与感性，才真正能给世界与人生带着忧思情调的深切关怀。

也正因为如此，我才要向我们的读者推荐这些书里的文章。现在我拿在手里的这本书，叫做《水中故事·鱼》。编辑这本书的人，1990 年到 1996 年在《纽约时报》任科学版编辑，他说："一定是某一种鱼，也许是今天的空棘鱼或肺鱼的祖先，最先用它的鳍爬到岸上，于是陆上动物便有了水生脊椎动物的祖先。但是现在提到鱼类祖先，人们总是反感随水温变化的冷血，很少像我们的祖先那样看重鱼类的可敬品格。"

当然，如果全世界的人都是如此表现，那就真正是一个巨大的悲哀了。好在，在社会生活中，总是有一些富于理性与责任感的人永远都在提醒着我们：注意环境，注意世界循循相因的构成，注意尊重生命。虽然这样的人这样的声音在我们这个世界上并非总是受到应有的尊重与欢迎。在这里推荐给大家的文章《身处鱼类世界，生物学家倍感孤独》，便向我们报道了这样一个事实。一个我们可以为之鼓舞，也可以为之感到悲伤的事实。

在这里我们必须指出的是，这篇文章是一篇新闻报道，而不是文人悲时伤怀的刻意之作。它在报道出一个科学事件的同时，同时给出了一个颇有深度的人物速写。新闻体是现代社会里最最常见的应用文体。在我们的习惯性思维中，总认为应用文体是可以不讲究文章之美的，对文章的文体之美与人性之美的追求，只属于文人创作的范畴。其实，既然生活之美、人性之美、世界之美与发现之美无处不在，文章之美又何止只存在于单一的文人创作之中呢？这是一个简单的道理，并不必多言，但是，事情恰恰就出在这里，在教育越来越发达的今天，很多常识却在这种教育中被扭曲，被遗忘了。结果是，我们不仅从大量的文字中失去了辞章之美，更重要的是，大量文字中美感的消失，最终导致了我们在生活中审美能力的消失。

从网络到电视到报纸，每天，人们都被淹没在海量的即时性的娱乐性的节目中间，但这种信息淹没过后，我们的灵魂反倒有可能成为大片干涸的荒漠。而这样既具有文辞之美，并兼具科学之美与人文之美的好文章，才是现代社会的一剂心灵良药。

科学家眼中的科学家

[美]阿尔伯特·爱因斯坦　方在庆 韩文博 何维国 译

艾萨克·牛顿

当然，理性用其永无止境的任务来衡量，就显得软弱无力；相对于人类的愚昧与激情，理性的确又是那么不堪一击。我们必须承认，愚昧与激情几乎完全左右着人类的命运，无论在大的方面抑或是小的方面，然而理性所结成的果实却超越世世代代嘈杂喧闹的人群而获得更为长久的生命力，多少世纪以来一直发着光与热。一念及此，我们颇感欣慰。在这动荡不安的日子里，让我们来缅怀牛顿这位三百年前降临世间的人物。

想起牛顿就不能不想到他的事业。因为只有将牛顿视为追求永恒真理的战斗所赖以发生的舞台上的一幕，才能够理解他。诚然，早在牛顿诞生前很长的时期内，一直有活跃的头脑设想着从单纯的物理假说出发，通过纯粹的逻辑演绎应该能对可感知的现象做出令人信服的解释。然而却是牛顿第一次成功地发现了一个清晰而系统表达出来的基本原理，从这一原理出发，通过数学思维，他能够对众多领域的现象得出合乎逻辑的定量的而且与经验一致的结论。的确，他可能非常希望他的力学基本原理总有一天能够提供一把解释一切现象的钥匙，他的学生也这样想——甚至比他更加自信——他的后辈也同样如此，这种状况一直持续到 18 世纪末。那么，这一奇迹是如何在他头脑中诞生的？请读者原谅我提出这个不合逻辑的问题。因为，如果我们借助理性就能够解决有关“如何”的问题，那么奇迹从其严格的词义上讲也就不复存在了。理智（the intellect）的每个举动都在于把“奇迹”转换为某些它已经领会的东西，既然如此，如果奇迹允许其自身被转化，那么我们对牛顿思想的崇拜之情会因此而更加强烈。

伽利略通过对最简单的经验事实进行天才般的解释，已经建立了如下命题：一个没有外力作用的物体永远保持原来的速度（与方向）；如果它的（运动的方向或）速度发生改变，那么这一变化必然是由外界因素引起的。

为了将这一认识加以定量化的运用，必须首先对速度以及速度的变化率（在假定为无体积物体即质点做已知运动的情况下又称为加速度）以数学的精确性作出解释。这一使命是促使牛顿发明了微积分的基础。

这项发明本身就是一项第一流的创造性的成就，然而，对于作为物理学家的牛顿来说，这不过是为了系统地阐述运动的一般定律而需要的一种新型的概念语言。至此，对于一个既定的物体，牛顿提出了如下假说：他精确设计出来的加速度在数值与方向上与加于该物体之上的力具有比例关系。这一假说概括了物体的加速能力的比例系数，完整地描述了（无体积）物体的力学性质。质量的基本概念就这样被发现了。

尽管以极为谨慎的态度，我们也可以说上面的内容可以被视为对某种本质已为伽利略所认知的东西做出的精确阐述，然而，无论从何种意义上讲，它都未能成功地解决主要困难。换句话说，只有在施加于物体之上的力的大小、方向在任何时候都是已知的情况下，运动定律才适用于物体的运动。这一难题本身归结为了另一个难题：如何找出作用力？考虑到宇宙中的物体之间可能产生的相互影响具有无法测度的多样性，任何一个想象力稍不如牛顿丰富的人对这个问题都会感到束手无策，而且，我们可以感知其运动的物体决不是无体积的点——即可以看作为质点，那么牛顿又是如何应付这种混乱局面的？

我们在无摩擦力的情况下如何推动一辆小车在水平面上运动，那么很自然，我们施加的力是直接已知的，这是一种理想状况，运动定律就是从这种状态中获得的。我们在这种情况下研究的对象并不是无体积的点，这一点看上去并不重要，那么，一个在空间下落的物体情况又会怎样呢？如果将自由落体的运动视为一个整体，它的表现几乎与无体积的点一样简单，它在下落过程中不断加速。按照伽利略的观点，加速度不受物体的本性与速度的影响。地球理所当然是这个加速度得以存在的决定性条件，既然如此，似乎地球仅仅凭借其存在就对物体施加作用力。而地球是由许多部分组成的，仿佛不可避免地使人认为地球的各个组成部分都对下落物体产生影响，而且所有这些影响都是融合在一起的。于是，似乎有一种发生在不同物体间而且仅仅依靠其存在就有一种力，可以通过空间在它们之间相互作用。这些力好像不受速度影响，而仅仅取决于产生这些力的物体之间的相对位置与数量特性，这一数量特性可能是由质量决定的，因为从力学的观点来看，质量似乎描述了物体的特征，超距作用的物体之间所产生的这种奇怪的效应可以称为引力。

现在，为了精确地认识这一效应，只需求出在距离与质量已知的情况下，两个物体之间相互施加于对方的力有多大即可。至于方向，大概只能是连接它们的直线。至此，惟一未知的因素就是这种力对两个物体之间距离的依赖程度。然而，这一知识不能先验地获得，在这里，只能利用经验。

然而，这样的经验对于牛顿来说却是唾手可得。月亮的加速度可以从它的运行轨道求出，并且可以与地球表面上自由落体的加速度作比较。行星围绕太阳进行的运动已经由开普勒精确地测定出来，并概括为几条简单的经验定律。因此，就有可能确定出距离因素如何决定来自地球与来自太阳的所有引力的效应。牛顿发现，任何现象都可以通过一种与距离平方成反比的力进行解释。这样，牛顿的目标就达到了，天体力学也随之诞生，并且由牛顿以及他的后辈学者进行了数以千计的验证。但是，物理学其他方面的问题又如何呢？引力与运动定律并不能解释一切现象。是什么因素决定了固态体的各个部分能够保持均衡状态？如何解释光现象、电现象？通过引入质点与各种超距作用力，任何事情似乎都能合情合理地从运动定律推论出来。

这一希望至今仍未实现，也不再有人相信在这个基础上可以解决一切问题，然而，牛顿的基本概念仍然在很大程度上决定着当代物理学家的思维。迄今为止，牛顿关于宇宙的统一的概念还不可能被一个同样的普遍的概念所取代。如果没有牛顿明确的理论体系，我们至今所取得的成就将是不可能的。

从对星体的观测中，发展出了当代技术进步所不可或缺的理想工具。对于我们所处的时代滥用这些工具的行为，像牛顿那样富于创造性的才智之士正如星体一样不应承担任何责任，他们的思想因注视这些星体而展翅高飞。说明这一点是很必要的，因为在我们这个时代，为了知识自身的价值而尊重知识的情况已不如精神复苏的那几个世纪那样发自内心。

悼念马克斯·普朗克

对于一个用伟大的创造性思想造福于世界的人来说，后代的褒奖并无什么必要，他自身的成就已给予他更高的奖赏。

然而，今天所有追求真理与知识的人的代表从地球的各个角落来到这里相聚，的确是一件好事情，而且是很有必要的。他们到这里来是为了证明，即使在我们这个时代，政治狂热与残酷的武力像利剑一样悬挂在饱经痛苦惊恐万状的人们的头上，我们追求真理的理想标准仍然高高在上，光芒不减。这一理想是一条将各个时代，各个地方的科学家永远联结在一起的纽带，它以一种罕见的完美体现在马克斯·普朗克身上。

尽管希腊人已经想象到物质的原子本性，并且19世纪的科学家进一步使原子概念的提出具有了高度的可能性，然而却是普朗克的辐射定律第一次在不依赖其他假说的情况下精确地测定出原子的绝对大小，不仅如此，他还令人信服地说明，除了物质的原子结构外，还有一种受普适常数“h”

支配的能量的原子结构，这个常数是由普朗克引入的。

这一发现成为20世纪所有物理学研究的基础，并从那时起几乎完全决定了物理学的发展。没有这一发现，就不可能建立分子与原子理论以及决定二者能量转化过程的有用的理论。不仅如此，它还粉碎了经典力学与电动力学的整个框架，同时也为科学确立了一项新使命，为整个物理学寻找一个新的概念基础。尽管至今为止已取得了令人瞩目的具有局部意义的成就，但这个问题仍未得到满意的解决。

为了表达对这位伟人的敬意，美国国家科学院表达了自己的希望：出于纯粹的知识目的而进行的自由研究，应该不受任何阻挠与破坏。

理性中的情感

这个世界上表示有些存在的词，我们听起来十分熟悉，甚至经常挂在嘴边，其实我们并不确切知道这个词所代表的意思。

这些词多半属于名词。

在古代人的生活中，这样的词多半属于政治。比如说“天下”，从古代到现代，人人都说天下天下，其实只有深宫里的皇帝才能充分体会得出这个词有着怎样的意味；现在的时代比起皇权统治的漫长世纪已经有了巨大变化。巨变之一就是，科学在社会生活中的地位越来越重要。于是，与科学有关的人与事便以名词的方式在我们周围通过各种途径广为传播。与科学有关的那些人，其名声没有哪一个能比爱因斯坦这个人的名声更大更响亮。与科学有关的事，可能没有哪一种会像爱因斯坦发明的相对论那样，被如此众多的人知道，同时，又不能确切地懂得，甚至似是而非地懂得。记得看过一本科学家的传记，书中记载有一位英国教授说，相对论虽然诞生很多年了，但这个世界真正懂得相对论的人，连爱因斯坦在内不会超过三个人。说这话的教授，他当然自认为是那三个超级科学精英中的一个。

而我自认也是那众多似是而非者当中的一个。

可能是受那观点的影响，我一直不敢正面来谈爱因斯坦，却又想谈一谈他。因为这样一个科学史上继往开来的伟大人物，我们不可能永远假装他不存在一样避而不谈。

现在，一本《爱因斯坦晚年文集》放在了我的面前。

读完大部分篇目之后，重要的收获之一就是，我发现可以用曲折的方式来谈一谈爱因斯坦，也就是用不谈相对论的方式来谈爱因斯坦。虽然在这本书里，爱因斯坦再次以尽量通俗的方式向公众谈了他的相对论，但是，我在这篇文章中也没有找到一种有两三句话便把事情说得一清二楚的简洁方式，倒是他的一些其他文章激起了我更多的兴趣。在晚年，他对自己的研究领域，对别的科学家，对政治，对整个人类社会发表了许多自己的看法。其中一辑，便以集中的方式写到了好几位科学家，其中有物理学巨匠牛顿和天文学家开普勒这样属于历史的伟大人物，更多的笔墨却集中在了与他生活于同一时代的科学家身上，比如玛丽•居里与普朗克。

从这样的文章中，我们当然可以获得一点科学常识（这些科学家在科学史上的贡献），更重要的是，这些文字同样也是具有审美意义的：内在激情通过简洁的语言得到了有力的表达。流行的观点向来把生动的表达归属于文学，同时认为，文学之外的表达自然就是枯燥的表达。这其实是一个非常错误的观念。古往今来，很多说理的文章在见解深刻的同时，写得情感饱满文采飞扬，而一些文学感时伤怀的文字却空洞乏味，矫揉造作，在美丽辞藻后面隐藏着的，其实是一个空洞的灵魂。而在这样具有实在内容的文字中，除了理性与感情融合的力量，我们更感到了一个伟大的科学家强大的人格力量。

悼念玛丽・居里

[美]阿尔伯特·爱因斯坦

在像居里夫人这样一位崇高人物结束她的一生的时候，我们不要仅仅满足于回忆她的工作成果对人类已经做出的贡献。第一流人物对于时代和历史进程的意义，在其道德品质方面，也许比单纯的才智成就方面还要大，即使是后者，它们取决于品格的程度，也远超过通常所认为的那样。

我幸运地同居里夫人有20年崇高而真挚的友谊。我对她的人格的伟大越来越感到钦佩。她的坚强，她的意志的纯洁，她的律己之严，她的客观，她的公正不阿的判断——所有这一切都难得地集中在一个人身上。她在任何时候都意识到自己是社会的公仆，她的极端的谦虚，永远不给自满留下任何余地。由于社会的严酷和不平等，她的心情总是抑郁的。这就使得她具有那严肃的外貌，很容易使那些不接近她的人发生误解——这是一种无法用任何艺术气质来解脱的少见的严肃性。一旦她认识到某一条道路是正确的，她就毫不妥协地并且极端顽强地坚持走下去。

她一生中最伟大的科学功绩——证明放射性元素的存在并把它们分离出来——所以能取得，不仅是靠着大胆的直觉，而且也靠着难以想象的极端困难情况下工作的热忱和顽强，这样的困难，在实验科学的历史中是罕见的。

居里夫人的品德力量和热忱，哪怕只有一小部分存在于欧洲的知识分子中间，欧洲就会面临一个比较光明的未来。

三克镭

[美]迪克·格莱格利

1920年5月的一个早晨，一位叫麦隆内夫人的美国记者，几经周折终于在巴黎实验室里见到了镭的发现者。端庄典雅的居里夫人与异常简陋的实验室，给这位美国记者留下了深刻印象。此时，镭问世已经18年了，它当初的身价曾高达每克75万法郎。美国记者由此推断，仅凭专利技术，应该早使眼前这位夫人富甲一方了。

但事实上，居里夫妇也正是在18年前就放弃了他们的专利，并毫无保留地公布了镭的提纯方法。居里夫人的解释异常平淡："没有人应该因镭致富，它是属于全人类的。"麦隆内夫人困惑不解地问："难道这个世界上就没有你最想要的东西吗？"

"有，一克镭，以便我的研究。可18年后的今天我买不起，它的价格太贵了。"

这出乎意料的回答，使麦隆内夫人既感惊讶又非常不平静。镭的提纯技术已使世界各地的商人腰缠万贯，而镭的发现者却困顿至此！她立即飞回到美国，打听出一克镭在美国当时的市价是 10 万美元，便先找了 10 个女百万富翁，以为同是女人又有钱，她们肯定会解囊相助，万万没想到却碰了壁。这使麦隆内夫人意识到，这不仅仅是一次金钱的需求，更是一场呼吁公众理解科学，弘扬科学家品格的社会教育。于是，她在全美妇女中奔走宣传，最终获得成功。1921 年 5 月 20 日，美国总统将公众捐赠的一克镭赠予居里夫人。

数年之后，当居里夫人想在自己的祖国波兰华沙创建一个镭研究院治疗癌症的时候，美国公众再次为她捐献了第二克镭。

一些人认为，居里夫人在对待镭的问题上固执得让人难以理解，在专利书上签个字，所有的困难不是可以解决了吗？居里夫人在后来的自传中回答了这个问题："他们所说的并非没有道理，但我仍相信我们夫妇是对的。人类需要善于实践的人，他们能从工作中取得极大的收获，既不忘记大众的福利，又能保障自己的利益；但人类也需要梦想者，需要醉心于事业的大公无私。"

居里夫人一生拥有过三克镭，她把研究出的第一克镭给了科学，公众则把第二克镭和第三克镭回赠给了她。这三克镭展示了一个科学家伟大的人格和由此唤起的公众对科学的理解。

关于科学美文

阅读后能给人以美感的文章就可以叫作美文。文章表现出的美可能是文辞美、韵律美或意境美，也可能是内容本身就能让你情不自禁地产生赞美的感慨。正如我们对人的评价一样，有外貌美，还有心灵美；两种美如果兼具一身，那就可以称之为完美。

外貌美往往能立即博得人的好感，但不一定能持续长久；心灵美却是让人逐渐感受到的，这种美经历千秋万代都照样会受到赞扬。

这次选的《三克镭》，说得上是一篇既有“外貌美”也有“心灵美”的文章。它的选材精炼集中，语言质朴简洁，短小的篇幅却把居里夫人一生的追求和科学家的高贵品质表现得十分清晰、动人，同时还指出了“呼吁公众理解科学，弘扬科学家品格的社会教育”的重要性。

相信读了这篇文章的读者，即使不能效仿居里夫人，也可以成为像那些为居里夫人捐赠爱心的公众一样的人。

其实，对一般人来说，学习居里夫人更偏重在道德品质方面，爱因斯坦在《悼念玛丽·居里》中就很明确地指出这一点。这位同样令人景仰的大科学家这样认为：“第一流人物对于时代和历史进程的意义，在其道德品质方面，也许比单纯的才智成就方面还要大。”

这篇悼词是爱因斯坦于1935年11月23日在纽约罗里奇博物馆举行的居里夫人追悼会上发表的演讲。爱因斯坦写的悼词与我们现在经常见到的悼词大不一样，现在的悼词大多是追述死者的生平事迹，如担任过何种职务，得到过何种头衔，何时得到何种升迁等，有的甚至是“于无声处听惊雷”，把死者工作分内应做的事也说成“巨大贡献”“丰功伟绩”；而悼念居里夫人，爱因斯坦对她“一生中最伟大的科学功绩”仅轻轻带过，只着重谈了一点：居里夫人伟大的人格。

然而，人们并没有因为这篇悼词太短而忘却了居里夫人。赞颂太阳的光辉，用得着大量的语言吗？

图书在版编目（CIP）数据

自然写作读本 . A 卷／阿来编 . —北京：中国科学技术出版社，2018.9（2020.8 重印）

ISBN 978-7-5046-8117-1

I. ①自 … II. ①阿 … III. ①自然科学—名著—介绍—世界 IV. ① N4

中国版本图书馆 CIP 数据核字 (2018) 第 177673 号

策划编辑 杨虚杰
责任编辑 田文芳
特约编辑 张 静
装帧设计 林海波
责任印制 马宇晨

出　　版 中国科学技术出版社
发　　行 中国科学技术出版社有限公司发行部
地　　址 北京市海淀区中关村南大街 16 号
邮　　编 100081
发行电话 010-62173865
传　　真 010-62173081
网　　址 http://www.cspbooks.com.cn

开　　本 880mm×1230mm 1/32
字　　数 180 千字
印　　张 8.5
版　　次 2018 年 9 月第 1 版
印　　次 2020 年 8 月第 2 次印刷
印　　刷 天津兴湘印务有限公司
书　　号 ISBN 978-7-5046-8117-1/N · 247
定　　价 48.00 元